現場で役立つ
コロイド・界面現象の測定ノウハウ

阿部正彦 ── 編著

Measurement Techniques and Practices of
Colloid and Interface Phenomena

日刊工業新聞社

まえがき

 このたび，「現場で役立つコロイド・界面現象の測定ノウハウ」と題する単行本を出版することになりました．

 この本は，東京理科大学総合研究院・阿部正彦と深く関わりを持つコロイドおよび界面化学分野の第一線で活躍している研究者らにより執筆されました．内容は，これからこの分野で研究に携わろうとしている若い研究者のための，測定法に関する手引書です．

 内容を簡単に触れておくと，はじめに知っておきたい界面化学の基礎知識にいくつか触れたうえで，界面活性剤に関わる19の測定法について解説していきます．1では「静的表面張力の測定」，2では「動的表面張力の測定」，3では「π-A 等温線の測定」，4では「表面粘度の測定」，5では「界面張力の測定」，6では「水晶振動子マイクロバランス測定」，7では「原子間力顕微鏡測定」，8では「ミセルの静的光散乱測定」，9では「ミセルの動的光散乱測定」，10では「ミセルによる収着量の測定（可溶化物質が不揮発成分の場合と揮発成分の場合）」，11では「ミセル，エマルションのレオロジーの測定」，12では「ミセル，マイクロエマルションの小角X線散乱測定」，13では「ミセル，ベシクル，液晶のフリーズフラクチャー電子顕微鏡観察」，14では「ミセル，ベシクルのクライオ電子顕微鏡観察」，15では「ミセル，マイクロエマルションのζ電位の測定」，16では「液晶・固体ナノ粒子の小角X線散乱測定」，17では「固体微粒子の電子顕微鏡観察」，18では「固体表面へのガス吸着量の測定」，19では「固体の臨界表面張力の測定」という構成になっています．それぞれの項で，測定で何がわかるか，測定のキーポイント，データの正しい読み解き方，測定上の注意点，ワンポイントメリットなどを読者の目線に立って解説しています．

 さらに，最後の20「研究に使う水」には，界面活性剤水溶液の研究，特にナノレベルでの研究に携わる研究者がうっかりすると陥りやすい「水」の注意

点を実例を交えて述べたので，是非とも参考にして頂きたいと思います．
多少なりとも読者諸兄の興味および研究推進の一助となれば望外の喜びです．

2016年4月　　　　　　　　　　　　　　　　　　　　　　　　　　阿部正彦

目　次

まえがき ……………………………………………………………………… 1

序　界面化学の基礎知識 …………………………………………………… 9
1　界面の定義 …………………………………………………………… 9
2　界面とコロイド ……………………………………………………… 11
3　界面における反応 …………………………………………………… 13
4　表面と内部 …………………………………………………………… 14

1　界面活性剤水溶液の静的表面張力の測定 ……………………………… 17
1・1　表面張力の定義 ………………………………………………… 17
1・2　表面張力の測定法 ……………………………………………… 20
1・3　この測定で何がわかるか？ …………………………………… 21
1・4　測定のキーポイント …………………………………………… 21
1・5　データの正しい読み解き方 …………………………………… 23
1・6　デュヌイの表面張力計で測定する場合の注意点 …………… 23
1・7　ワンポイントメリット ………………………………………… 24
1・8　界面活性剤混合系のデータの正しい読み解き方 …………… 24
1・9　ワンポイントメリット ………………………………………… 29

2　動的表面張力の測定 ……………………………………………………… 31
2・1　この測定で何がわかるか？ …………………………………… 32
2・2　測定のキーポイント …………………………………………… 32
2・3　データの正しい読み解き方 …………………………………… 33
2・4　測定する場合の注意点 ………………………………………… 34

2・5　ワンポイントメリット　34

3　表面圧（π）-分子占有面積（A）等温線の測定　37
3・1　この測定で何がわかるか？　37
3・2　測定のキーポイント　38
3・3　データの正しい読み解き方　39
3・4　ウィルヘルミー型の表面圧力計で測定する場合の注意点　41
3・5　ワンポイントメリット　42

4　表面粘度の測定　43
4・1　この測定で何がわかるか？　43
4・2　測定のキーポイント　44
4・3　データの正しい読み解き方　45
4・4　減衰振動法で測定する場合の注意点　46
4・5　ワンポイントメリット　46

5　水と油との界面張力の測定　49
5・1　この測定で何がわかるか？　49
5・2　測定のキーポイント　49
5・3　データの正しい読み解き方　52
5・4　測定する場合の注意点　53
5・5　ワンポイントメリット　53

6　水晶振動子マイクロバランス（QCM-D）測定　55
6・1　この測定で何がわかるか？　57
6・2　測定のキーポイント　59
6・3　データの正しい読み解き方　60

6・4 ワンポイントメリット ……………………………………………… 61

7　原子間力顕微鏡（AFM）測定 …………………………………… 63
7・1　この測定で何がわかるか？ ……………………………………… 65
7・2　測定のキーポイント ……………………………………………… 65
7・3　データの正しい読み解き方 ……………………………………… 67
7・4　ワンポイントメリット …………………………………………… 69

8　静的光散乱（SLS）測定 …………………………………………… 71
8・1　この測定で何がわかるか？ ……………………………………… 71
8・2　測定のキーポイント ……………………………………………… 71
8・3　データの正しい読み解き方 ……………………………………… 75
8・4　測定する場合の注意点 …………………………………………… 76

9　動的光散乱（DLS）測定 …………………………………………… 77
9・1　この測定で何がわかるか？ ……………………………………… 77
9・2　測定のキーポイント ……………………………………………… 77
9・3　データの正しい読み解き方 ……………………………………… 78
9・4　測定する場合の注意点 …………………………………………… 80
9・5　ワンポイントメリット …………………………………………… 80

10　ミセルによる収着量の測定 ……………………………………… 83
10・1　可溶化物質が不揮発性の場合 …………………………………… 85
10・2　測定する場合の注意点 …………………………………………… 85
10・3　可溶化物質が揮発性物質（香料）の場合 ……………………… 85
10・4　静的ヘッドスペース法による実験 ……………………………… 88
10・5　その他の可溶化平衡定数の求め方 ……………………………… 90

11　ミセル，エマルションのレオロジー測定 ……………………… 93
- 11・1　この測定で何がわかるか？ …………………………………… 93
- 11・2　測定法とキーポイント ………………………………………… 94
- 11・3　データの正しい読み解き方 …………………………………… 97
- 11・4　ワンポイントメリット ………………………………………… 99

12　ミセル，マイクロエマルションの小角X線散乱（SAXS）測定 … 103
- 12・1　この測定で何がわかるか？ …………………………………… 105
- 12・2　測定のキーポイント …………………………………………… 105
- 12・3　データの正しい読み解き方 …………………………………… 106
- 12・4　測定する場合の注意点 ………………………………………… 107
- 12・5　ワンポイントメリット ………………………………………… 107

13　ミセル，ベシクル，液晶のフリーズフラクチャー電子顕微鏡（FF-TEM）観察 …………………………………………………… 109
- 13・1　この測定で何がわかるか？ …………………………………… 110
- 13・2　測定法の概略とキーポイント ………………………………… 110
- 13・3　データの正しい読み解き方 …………………………………… 113
- 13・4　ワンポイントメリット ………………………………………… 115

14　ミセル，ベシクルのクライオ電子顕微鏡（cryo-TEM）観察 …… 117
- 14・1　この測定で何がわかるか？ …………………………………… 117
- 14・2　測定法とキーポイント ………………………………………… 118
- 14・3　測定する場合の注意点 ………………………………………… 120
- 14・4　データの正しい読み解き方 …………………………………… 121
- 14・5　ワンポイントメリット ………………………………………… 123

15 ミセル,マイクロエマルションのζ電位の測定 … 125
- 15・1 この測定で何がわかるか？ … 125
- 15・2 ゼータ電位の測定 … 125
- 15・3 測定する場合の注意点 … 127
- 15・4 界面電気現象の基礎 … 128
- 15・5 実測値に基づく計算 … 136
- 15・6 ワンポイントメリット … 137

16 液晶・固体ナノ粒子の小角 X 線散乱測定 … 139
- 16・1 この測定で何がわかるか？ … 139
- 16・2 測定のキーポイント … 140
- 16・3 データの正しい読み解き方 … 141
- 16・4 ワンポイントメリット … 142

17 固体微粒子の電子顕微鏡（TEM）観察 … 145
- 17・1 走査型電子顕微鏡（SEM） … 146
- 17・2 透過型電子顕微鏡（TEM） … 147
- 17・3 ワンポイントメリット … 151

18 固体表面へのガス吸着量の測定 … 153
- 18・1 この測定で何がわかるか？ … 157
- 18・2 吸着量の測定 … 157
- 18・3 測定する場合の注意点 … 160
- 18・4 吸着等温線の読み解き方 … 161
- 18・5 ワンポイントメリット … 162

19	固体の臨界表面張力の測定	165
19・1	ヌレと浸透	166
19・2	接触角の測定	168
19・3	臨界表面張力値の求め方	169

20	研究に使う水	175
20・1	水の中の不純物	175
20・2	研究に使う水に注目する理由	176
20・3	大学における研究に使うべき水	180

あとがき	189
索引	190
執筆者一覧	194

序　界面化学の基礎知識

　界面化学とコロイド化学は密接な関係にある．最近，巷でもてはやされているナノテクノロジーはコロイド次元（10^{-9}〜10^{-6}m）の大きさを主として取り扱う学問分野である．とくに，研究対象とする系が二成分系の場合，両成分が接する面が界面と呼ばれ，その界面積を増加させるには一方の成分が占める相を小さくして，もう一方の相をあたかも連続相の如き相としてその中に分散させればよい．その際よく用いられるのが界面活性剤である．本書では，界面活性剤が用いられる相を研究する場合に用いられる様々な測定法の中から，重要と思われる測定法の解説を行う．

1　界面の定義

　界面（interface）とは，性質の異なる相（Phase）と相とが接触している境界面を指す．とくに，一方の相が真空あるいは気相である場合にはもう一方の相の表面（Surface）と呼ぶことがある．例えば，ガラスコップに注ぎ込まれた水の一部は空気と接触しているが，その界面を水の表面と呼ぶ．2相が接触している付近では両相が互いに入り組んで連続的に1つの相から他の相に変化しているものと考えられている．それ故，界面というよりもむしろ界面層，すなわち2次元的に捉えるよりも3次元的に捉える方が適切かもしれない．しかし，ここで言う界面層の厚さはおおむね数ナノメートル程度しかない．また，熱力学的な取り扱いでは，界面を1つの相と見なすこととなり，2相間に界面が存在するためには界面形成の自由エネルギーが正でなければならない．もし，この自由エネルギーがマイナスかゼロならば，何かのショックで界面領域は連続的に広がってやがては消滅しなければならないことになる．

　全ての物質に表面あるいは界面は必ず存在し，界面とその両側の相の内部と

では性質がかなり異なっている．例えば，純水液体の表面はその内部よりも大きい自由エネルギーを持っているので表面積が最小になるようにしており，またある物質を溶解している水溶液の表面における溶質の濃度は，溶液内部の溶質が吸着するために内部とかなり異なっている．ここで重要なことは，物質系の全体積に対する界面の面積（界面積）の割合が非常に大きい場合には，その界面の性質が物質系全体の性質を支配してしまうことである．実際に，界面の占める面積は我々が想像する以上に大きいのである．例えば，1辺が1cmの正6面体，すなわち立方体の表面積は $1\times6=6$（cm^2）であるが，各々の辺を10等分して一辺が 10^{-1}cm の立方体を1,000個作ったとすれば，それらの表面積の総和は60（cm^2）となる．さらに，一辺が1nmの立方体にまで細分化したとすると全表面積は 6×10^7cm^2 となり，これは実に6,940m^2（1,800坪）に相当する．このように表面積の割合を増やしていくと，物質名は同じであっても全く違ったものと見なすべきことになる．例えば，目に見える大きさの"鉄クギ"は燃えないが，上記のように細分化した"鉄の微粒子"は急激に酸化されるので燃えてしまう．また，我々がよく知っている貴金属の"金"の色は通常は金色だが，前述のように細分化されると金色ではなく，赤色を呈する状態もあり，安定な金属ではなくなる場合もある．

　物質は基本的には固体，液体，気体のうちどれかの状態で存在し，それぞれ固相（Solid Phase），液相（Liquid Phase），気相（Gas Phase）を持っている．このように，固相，液相，気相の3種類があるので，これらの組み合わせによって界面の種類も次のように決まってくる．

(1)　気体-液体の界面
(2)　液体-液体の界面
(3)　気体-固体の界面
(4)　液体-固体の界面
(5)　固体-固体の界面

　なお，気体同士は完全に混合してしまうので，気体-気体という界面は存在

しない．また，比較的新しく発見された液晶（Liquid Crystal）なども相として捉える場合には，さらにその組み合わせは増えることになる．

2 界面とコロイド

界面で接触している1つの相の大きさをもう一方の相よりも徐々に小さくしていき，1nm〜1μmの大きさにすると，コロイド分散系（Colloidal Dispersion）と呼ばれる状態になる．このコロイド分散系において，微粒子に相当する部分が分散相（Dispersed Phase）または分散質（Dispersoid）といい，微粒子を取り囲んでいる部分（連続相）を分散媒（Dispersed Medium）と呼んでいる．

コロイド分散系とは，分子分散系（Molecular Dispersion）と粗大分散系（Coarse Dispersion）との中間に位置する大きさの分散相（分散粒子）が，分散媒に混合している系であり，球状，棒状，板状，多面体状，糸まり状の粒子を含んでいる系を指す．例えば，煙は固体微粒子が気相中に，霧は液体微粒子が気相中に，牛乳は液体微粒子が水相中に，泥水は固体微粒子が水相中に，スポンジは気体微粒子が固相中に，寒天ゼリーは液体微粒子が固相中に，色ガラスは固体微粒子が固相中に分散しているコロイドである．どんな分散コロイドがあるかは**表1**を参考にされたい．

表1の例は，分散媒と分散相の種類により分類したものであるが，分散粒子

表1 分散コロイドの分類

分散媒	分散相	分散系
気体	液体 固体	霧，雲，モヤ，エーロゾルまたは気体コロイド 煙
液体	気体 液体 固体	アワ エマルション（牛乳，バター） サスペンション（泥水，塗料）
固体	気体 液体 固体	軽石，スポンジ，海綿，固体コロイド 水を含むシリカゲル 黄色ガラス，合金

の種類や構成状態により分類すると，分子コロイド（Molecular Colloid），会合コロイド（Association Colloid），分散コロイドもしくは粒子コロイド（Dispersion Colloid）となる．分子コロイドとは，水中におけるゼラチンやタンパク質あるいはベンゼン溶液中のポリスチレンのように，分散粒子である高分子あるいは高分子イオンが分子量の小さい液体に分散している系をいう．従来は，溶媒に自然に溶解している高分子のことを真性コロイドと呼んでいたが，今日ではほとんど使われていない．会合コロイドとは，界面活性剤や染料などの分子が水溶液中で数十もしくは数百の分子の会合することにより形成した球状の分子集合体のままで溶解している系をいい，通常，希釈（Dilution）・濃縮（Concentration，あるいは Enrichment），昇温・降温すると，分子集合体は解離（Dissociation）・会合（Association, Aggregation）を可逆的に起こす．分子コロイドや会合コロイドは可逆的に生成する熱力学的な平衡系であるため，可逆コロイド（Reversible Colloid）あるいは安定コロイドであると呼ばれるが，分散コロイドは対象とする媒質中には本来分散できない物質を適当な手段を施すことによりコロイド粒子として分散している系であるため，不可逆コロイド（Irreversible Colloid）あるいは不安定コロイドと呼ばれる．この不可逆コロイドは，界面張力（Interfacial Tension）や界面荷電状態に依存するので，安定にするためには分子コロイドや会合コロイドを保護コロイド（Protecting Colloid）として添加する場合が多い．分散相と分散媒の親和性に着目して，会合コロイドを親媒コロイド（Lyophilic Colloid），とくに，分散相が水の場合，親水コロイドおよび疎油コロイドと呼ばれる．コロイド溶液には多くの特徴的な運動学的性質や光学的性質があるが，そのうち代表的なものがチンダル現象（Tyndall Phenomenon）である．

　コロイドを研究対象とする化学者は，上述した粒子のように，3次元空間の3方向ともコロイド次元である場合だけでなく，2方向がコロイド次元である繊維や線条，あるいは1方向だけがコロイド次元である膜も対象としている．

　表1のような状態は，前述した（1）〜（5）の界面（Interface）を活性にする

(変化させる)と起こり，このことを表面活性あるいは界面活性（あえてSurface Active）という．従来は，少量の溶質が存在することによって溶液の表面張力（Surface Tention）や界面張力を大きく変化させる作用を界面活性と言っていたが，なにも表面張力や界面張力だけに限った話しではない．これらの張力を変化できなくても分散させる能力を持っているものもある．すなわち今，あるがままの表面あるいは界面の諸性質を変えることが界面活性であり，当然のことながら，正の界面活性あるいは負の界面活性もある．例えば，起泡（Foaming）と消泡（Defoarming），分散（Dispersion）と凝集（Coagulation, あるいは Flocculation），乳化（Emulsification）と解乳化（Demulsification），固体表面の親水化と疎水化などがそれに当たる．ちなみに，界面活性を示す物質を，界面活性剤（Surface Active Agent, あるいはSurfactant, Detargent, または両親媒性物質（Amphiphilic Compound）と言う．なお，界面活性剤を使う用途によってその機能を優先した呼び方になる場合もある．例えば，乳化剤（Emulsifying Agent），分散剤（Dispersing Agent），洗浄剤（Detergent, あるいは Cleaner, Washing Agent），可溶化剤（Solubilizing Agent）がそれである．

3 界面における反応

界面を化学反応（Chemical Reaction）の場として捉えてみる．化学反応は均一反応（Homogeneous Reaction）と不均一反応（Heterogeneous Reaction）に大別され，均一反応とは同一相中で生じる反応であり，均一に混合（溶解）した気体や液体間の反応や，単一相（Single Phase）における分解(Decomposition, Degradation, Cracking, Breakdown, Resolution)反応などがこれに相当する．一方，これ以外の反応は全て不均一反応，すなわち2つ以上の異なる相の界面で生じる反応（界面反応）である．電極反応（Electrode Reaction），触媒反応（Catalytic Reaction），吸着（Adsorption），結晶成長（Crystal Growrh）などの工業的にも重要な反応は全て界面反応（Interfacial

Reaction) である．また，反応界面を，界面を構成する相の種類により分類すると，次のようになる．
(1) 気体–液体界面の反応：同一分子の気体–液体の相転移，気–液界面を反応場とする合成反応など
(2) 気体–固体界面の反応：固体表面が触媒として働く反応など
(3) 液体–液体界面の反応：界面重合反応，エマルション重合反応，生体膜を反応場とする反応など
(4) 液体–固体界面の反応：電極反応，吸着反応，結晶成長反応など
(5) 固体–固体界面の反応：固溶体の生成反応など

　これらの界面における反応機構（Reaction Mechanism）を解析する上で重要なことは，今，注目している界面を選択的に（界面以外の部分からの情報を取り除いて），かつ，リアルタイムに解析することである．この場合，界面の静的な物性を測定する場合よりも制約がある．X線や電子線（Electron Beam）を用いた種々の分析手段は固体表面の分析には必要不可欠なものであるが，これらの測定法の多くは"ex situ（静的）"な測定手段であり，界面反応に伴う界面の動的な変化を追跡するには適していない．また，通常，これらの測定法の液体中における測定は不可能である．そこで，界面反応をリアルタイムでモニターする手段として，その場"in situ"測定が可能で，かつ，測定雰囲気を選ばないで光をプローブする各種の測定方法や，走査型プローブ顕微鏡（Scanning Probe Microscope）などの測定手段が注目を集めている．

4　表面と内部

　同一固体であってもその表面と内部の原子状態は，必ずしも同じではない．例えば，空気中においてある大きさを持つ固体の内部を原子面に平行に切断すると，新しい気/固界面が形成する．その気/固界面，すなわち固体の表面上に存在する原子の結合は強制的に不飽和にされているため，不安定（表面エネルギーの増加）である．それを安定化する（表面エネルギーの減少）ためには，

垂直方向の面間隔も変化させて内部の原子配列とは異なる再配列を引き起こす必要がある．また，表面の分子の再配列は既に存在している固体表面に気体や液体などが吸着して表面反応が信仰する場合にも起こる．したがって，原子振動（Atomic Vibration），化学的性質（Chemical Properties），光学的性質（Optical Properties），電気的性質（Electronic Properties），磁気的性質（Magnetic Properties）などの固体の構造変化に敏感な性質も変化することになり，物質の性質に及ぼす表面の役割は極めて重要である．さらに，前述したように，固体の大きさがある程度まで小さくなると，表面の持つ性質が固体の性質を支配するようになり，活性化される場合もあり得る．また，固体の表面は温度や雰囲気によって変化し，固体内部に含まれている微量の不純物が表面に濃縮される場合もある．

界面活性剤水溶液の静的表面張力の測定

　液体を大きめの容器に入れるとその表面は平面になるが，自由な液面は必ずしも平面にはならない．例えば，草の葉の上の朝露や固体表面上の液滴などがそうである．これは，純粋な液体の表面にある分子は内部の分子よりも大きいエネルギーを持っているからで，表面の分子数をできるだけ少なくした方がエネルギー的に有利になるためであり，それゆえ球形になる．

　表面張力（Surface Tention）は，表面に作用して表面を縮めようとする力であるが，輪ゴムやゴム膜は引っ張られて表面積が増大するほど大きな力を必要とするが，水の表面はどんなに広がっても張力の大きさは変わらない．

　界面活性剤を新規に合成した場合，その界面活性剤の能力を見積もるために，水の表面張力値をどれまで低下させることができるかを最初に検討するのが一般的である．界面活性剤に関する古い記述を見ると，"界面活性剤の少量の添加により水の表面張力を著しく低下させる"とある．つまり，水の表面張力値を下げなければ界面活性剤ではないとまで思われていた．しかし，時の移り変わりに応じて，水の表面張力値をさほど低下させなくても水中に共存している物質を分散させる効果は極めて優れており，かつ，高分子量の界面活性剤が合成されて以来，"表面あるいは界面の諸性質を著しく変化させることができる物質が界面活性剤である"と定義されるようになってきた．

1・1　表面張力の定義

　表面張力の物理的表現が表面自由エネルギー（Surface Free Energy）あるいは表面エネルギー（Surface Energy）であり，その数学的に等価な量として力の次元（Dimension）を持つのが表面張力である．ここで，物理的な意味を考えてみよう．

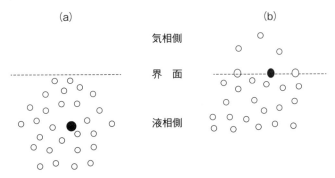

図 1-1　気相と液相の界面と液体内部との分子密度の差

　液体の内部に存在する1個の分子に注目すると（図 1-1 (a)），この分子の周囲は同じ物質の分子に取り込まれていて，それらの分子から引力を受けている（引力のポテンシャル・エネルギーの基準は，引力を及ぼし合っている2個の分子間距離が無限大のときをゼロとする）．引力を及ぼし合っている2個の分子が無限遠から互いに近づくときには仕事が得られることになるから，ポテンシャル・エネルギーはゼロから減少して負となる．今注目している液体内部の1個の分子とその周囲の分子間の引力が，中心の分子と周囲の各分子とのペアに対する引力の和で表されるとすると，当然のことながらペアの数が多いほどポテンシャル・エネルギーは低下することになる．液体表面の1個の分子の場合には（図 1-1 の (b)）その液体側では液体分子に囲まれていて引力を受けるが，気相（蒸気）側では液体の蒸気の分子から受ける引力だけなのでその大きさは極めて小さい．したがって，表面に存在する分子は液体内部の分子に比べると，ポテンシャル・エネルギーの低下もずっと少ないので，表面に存在する分子は内部に存在する分子よりも大きいエネルギーを持っていることになる．言い換えると，分子を内部から表面に移動させて新しく表面を作るのには仕事が必要になってくる．しかし，この仕事の大きさは表面と内部に存在する分子のポテンシャル・エネルギーの差より小さく（液体の表面と内部では分子配列の乱雑さが異なるために生じるエントロピーの差），表面の分子は表面と

内部のいずれの位置をも占めることが可能なので,内部の位置しか占められない液体内部の分子よりも大きいエントロピーを持っている.この余分のエントロピーの分だけ実際に内部から表面に分子を移すのに必要な仕事量が少なくてすむのである.この余分のエネルギーがすなわち表面自由エネルギーであり,表面張力にほかならない.つまり,分子間力の大きい物質ほど,表面自由エネルギーは大きく表面張力も大きいことになる.また,固体の表面の場合も,同様にして表面張力や表面エネルギーを求めることができ,これをとくに臨界表面自由エネルギーあるいは臨界表面張力(Critical Surface Tention)と呼んでいる.実際には,⑲で後述するように,対称とする固体表面上に特定の液(3種類のシリーズ)を滴下して形成する接触角(Contact Angle)から求める.表面張力値のうちの分散力成分だけしか持たないA液体,分散力成分と極性成分を持つB液体,分散力成分,極性力成分,水素結合成分の3つを持ったC液体のそれぞれの接触角に及ぼす炭化水素鎖長の影響を測定して,それらの総和として固体の臨界表面張力値を算出する.

表面張力(γ)は,[力]/[長さ](mN/m)の単位で表示され,これはまた次のように書き換えられる.

$$[力]/[長さ]=([力]\times[長さ])/([長さ]\times[長さ])$$
$$=[仕事]/[面積] \text{ または } [エネルギー]/[面積]$$

このことから,表面張力を(mN/m)単位で表した数値は,そのまま(mj/m^2)の単位で表すことができ,単位面積(Unit Area)を新しく作るための仕事を表示するのに使われる.

表面張力は,液体の分子間の引力を反映したものであるから,分子の化学構造と密接な関係にある.このことは,**表1-1**を見れば明らかである.また,表面張力は温度変化に依存し(温度上昇に伴って熱運動も増加するので,液体の内部から表面に移すのに必要な仕事は小さくなる),また表面に存在する溶

表 1-1 液体の表面張力

物　質	表面張力（mN/m）
水	72.75
グリセリン	63.4
ベンゼン	28.9
トルエン	28.5
アセトン	23.7
エタノール	22.8
メタノール	22.6
n-ヘキサン	18.4
エチルエーテル	17.0

質（Solute）濃度にも依存する（表面に存在する溶質濃度の増加に伴い，表面張力は小さくなる）．

1・2　表面張力の測定法

表面張力の測定法は種々あるが，代表的な方法は液重法（Drop Weight Method），毛管上昇法（Capillary Rise Method），最大泡圧法（Maximum Bubble Pressure Method），輪環法（de Nöuy Method），ウィルヘルミー法

図 1-2　静的表面張力計 DY-300 型（写真提供：協和界面科学）

(Wilhelmy Plate Method), 懸滴法 (Pendant Drop Method) である. これらの方法は, 概して泡の立ち方 (起泡力) と密接に関係する表面張力の平衡値, すなわち静的 (Static) 表面張力値を測定するものであるが, 泡の安定性, すなわち泡の表面からの排液速度 (Drainage Velocity) と密接に関係する動的 (Dynamic) 表面張力値を測定する場合には, 振動ジェット法 (Oscillation Jet Method), メニスカス降下法 (Hiss Method) がある. ちなみに, 泡の安定性は液体表面の粘度 (Viscosity) にも関係する.

1・3 この測定で何がわかるか？

(1) どんな種類の界面活性剤でも溶媒（主として，水）中における界面活性剤のミセル形成濃度（臨界ミセル濃度）を求めることができる
(2) 用いる溶媒（主として水）の表面への吸着量が求められる
(3) 気/液界面における界面活性剤の分子表面積が求められる
(4) 2種類の界面活性剤を共存させている水溶液の場合には，ミセルを形成している界面活性剤の混合状態を評価できる

1・4 測定のキーポイント

このうち，汎用性の高い平板つり板（白金板あるいはガラス板）式のウィルヘルミー法を採用する場合，つり板の洗浄・乾燥を十分に行うこと，測定する水溶液表面に測定者などの息がかからないこと，水溶液表面の攪乱を防ぐことが重要である．また，フッ素系界面活性剤水溶液を研究対象とする場合，つり板表面との濡れ性が問題となる（メニスカスを作らない）ので，化学的処置が必要となる．

界面活性剤水溶液の表面張力値を測定する場合，最も広範囲（化学以外の分野を含む）の分野で簡便に用いられている装置は，白金製の円環リングを用いたデュヌイの表面張力計である．また，専門的な分野で多用されている装置は，平板状のガラス製や白金製の平板を用いたウィルヘルミー型表面張力計で

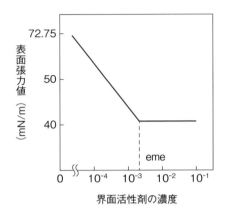

図 1-3　水の表面張力値と界面活性剤の濃度の関係

ある．その他に，滴重法などが注目されているが，詳細は後述する動的表面張力に関する項目で説明する．

ここで，前述した表 1-1 は代表的な液体の表面張力値である．

得られるデータとしては，界面活性剤の濃度を変化させた時の表面張力値であり，一般的に表面張力値を縦軸にとり，その時の界面活性剤の濃度変化を横軸にとったグラフを描く（図 1-3）．

この図の界面活性剤の濃度（科学的に議論する場合には，mol/l 表示でなければならない）が増加して表面張力の値が一定となる値に相当する界面活性剤濃度を臨界ミセル濃度（cmc：critical micelle concentration）という．この濃度は，別な見方をすれば，単分散している界面活性剤の飽和濃度でもある．この値が小さいほど，界面活性剤としての能力が高いとされている．一般に，疎水基が一本の場合，カチオンあるいはアニオンを問わずイオン性の界面活性であれば 10^{-4}〜10^{-3}mol/l であり，非イオン界面活性剤の場合には 10^{-5}〜10^{-6}mol/l である．疎水基が 2 本の場合（ジェミニ型の場合）は，その単一鎖長の場合（半分の場合）よりも 2, 3 桁低下する場合がある．また，イオン界面活性剤の場合でも，分子内にエチレンオキシド鎖などを含む場合には上記の非イオン界面活性剤の場合と同じ傾向になる．

1・5 データの正しい読み解き方

　下記の式 1-1 から明らかなように，cmc までの表面張力値の低下の傾きを読み取ることにより，空気/水界面（水溶液の表面）への界面活性剤の吸着量を求めることができる．ここで重要なことは，cmc に最も接近したときの界面活性剤の濃度と表面張力値の関係から求めることである．ただし，上記の表面張力/界面活性剤の濃度曲線が一様でなく 2 段階などで低下する場合には，cmc までの表面張力値を区切って，界面活性剤の吸着/脱着を議論する場合がある．

$$\varGamma = \frac{1}{A} = -\frac{1}{RT}\frac{d\gamma}{d\ln C} \qquad (式 1\text{-}1)$$

　$\varGamma$ は溶液表面の単位面積当たりの界面活性剤の吸着量，R は気体定数，T は絶対温度，γ は表面張力値，C はモル濃度，A は吸着された界面活性剤 1 モルの占める面積である．この式は平衡に達したあとの状態についてのものであるから，表面張力の測定値も平衡値でなければならない．溶液の表面張力は時間的に変化するのが一般的であり，平衡に達する場合に長時間を要する場合があるから注意すべきである．溶液濃度は十分に小さくなければならないので，そうでない場合には濃度の代わりに活動度を用いなければならない．

1・6 デュヌイの表面張力計で測定する場合の注意点

　デュヌイ表面張力計を用いて表面張力値を測定する場合，その時の室温よび気圧における表面張力値はただ 1 つの物理定数であり，もし 25 ℃，1 気圧であれば，72.75mN/m である．しかし，この値は決して平均値でなく，最高値である．特に，種々の分野で用いられるデュヌイ表面張力計の場合，上記の値が最高値となるようにセットしなければならない．

　物理化学的観点から清浄した水（脱イオン水を煮沸した水を大きめのシャーレに取って絹糸で水表面を掃き取った水）を用意する．次に，一本の金属線（トーションワイヤー）の張り方はその目盛りが 100 になるその時に，表面張

力計から吊り下げている白金リングが水表面から離れるようにするとよい．

1・7　ワンポイントメリット

　表面張力値と泡とは密接に関係している．一般に，泡立ちやすさは起泡力で評価され，静的表面張力値の小さい方が起泡力は高くなるので泡立ちやすい．一度立った泡の寿命は水溶液の表面粘度の高い方が長くなる．

　動的表面張力値は，最大包圧法で測定される場合が多く，気泡を発生させる周波数（Hz）による表面張力値（mN/m）変化として表すが，2種類の界面活性剤を比較する場合，低い周波数領域で同じ値を示していても，高い周波数の方で低い表面張力値を示す方が界面活性剤としてはよいとされている．例えば，動きの激しい洗浄工程で，高い洗浄効果を発揮するとされている．その反対の場合には，浸け置き洗浄に適している．

1・8　界面活性剤混合系のデータの正しい読み解き方

　水溶液中において界面活性剤は単独系で用いるよりも2種類以上の混合系で用いる方が優れた特性を発現することが分かり，近年では界面活性剤を混合して用いられるようになってきている．界面活性剤混合系の種々の特性は少なくとも2冊の専門書として出版されている[1][2]．

　界面活性剤混合水溶液中における界面活性剤同士の相互作用（混合ミセルのできやすさなど）を表す理論式が，Funasakiら[3]，Rubingh[4]，Motomuraら[5]により提唱されている．これらの詳細は，原著論文を参照されたい．

　ここでは，代表的な2例について概説する．まず，Funasakiらの式を用いて実際に行った二成分界面活性剤混合ミセル中の組成を求めてみる[6]が，詳細は原著論文を参考にして頂き，概要を記述しておく．

［実験例］

　界面活性剤混合系[6]は，アニオン界面活性剤である3,6,9-トリオキサイコサン酸ナトリウム（Sodium 3,6,9-trioxaicosanoate；略号はECL）あるいは

ドデシル硫酸ナトリウム(SDS)と非イオン界面活性剤であるヘキサデシル＝ポリオキシエチレン＝エーテル($C_{16}H_{33}O(EO)_{10}H$；略号はPOE)であり，SDS以外の界面活性剤とも日光ケミカルズから提供されたものであり，濃度は5.0×10^{-3}Mである．cmc以上において，混合ミセル中のECLの組成(X_{2m})およびPOEの組成(X_{1m})は，式1-2および式1-3より求めた．

$$X_{2m} = \frac{C_1 \cdot X_2 - C_{12} \cdot X_{2b}}{Ct - C_{12}} \qquad (式1\text{-}2)$$

$$X_{1m} = 1 - X_{2m} \qquad (式1\text{-}3)$$

ここで，C_tは混合溶液全体の界面活性剤の濃度（モル濃度），C_{12}はバルク相全体の界面活性剤の濃度（モル濃度），X_2は混合溶液中のECLのモル分率，X_{2b}バルク相中のECLのモル分率である．

必要なデータは，界面活性剤二成分系のそれぞれの単独系の濃度と表面張力値との関係図（**図1-4**と**図1-5**：それぞれのcmcと最低到達表面張力値を求めておく）と，種々の組成からなる混合溶液の濃度と表面張力値とおいての関係，上記の２つの図からバルク相の組成と表面張力の関係(-○-)とバルク相

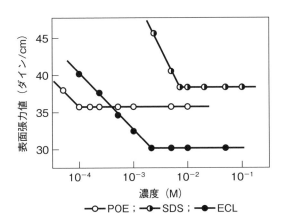

図1-4 表面張力値と各種界面活性剤単独系の濃度との関係
（屈曲点を示す濃度がcmcに担当）

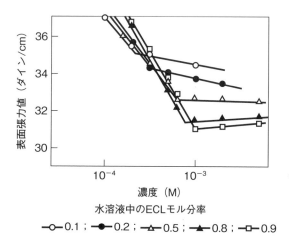

図 1-5　表面張力値と混合界面活性剤の濃度との関係（ECL-POE 系）
（屈曲点を示す濃度が cmc に担当）

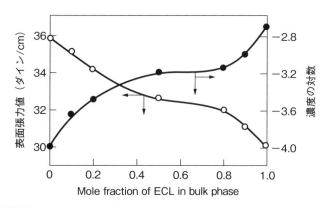

図 1-6　表面張力値（—○—）の濃度の対数（—●—）のバルク水溶液中の ECL のモル分率（ECL-POE 系）

の組成と濃度の関係（—●—）を求めて図 1-6 として表すようにする．すなわち，式 1-2 の C_t は調製した混合溶液の濃度（モル濃度），X_2 は調製した混合溶液の組成，X_{2b} および C_{12} はこの図から求めることができる．さらに，これらを

式 1-3 に代入すると，ミセル中の ECL あるいは SDS のモル分率をそれぞれ求めることができる．

もう 1 つを紹介する．本村，山中，荒殿[5]は，界面活性剤二成分系の内の 1 成分（モル分率を式 1-4 から求められるとしている[7]．我々は，両性界面活性剤として Nα, Nα-ジメチル-Nα-ラウロイルリシン（DMLL）と非イオン界面活性剤として炭化水素鎖長の異なる（n=12, 14, 16, 18）アルキル=ポリ（オキシエチレン）=エーテルである（C_nPOE_{20}）．

$$X_{DMLL}{}^M = X_{DMLL} - \left(\frac{X_{C_mPOE_{20}} \cdot X_{DMLL}}{cmc}\right)\left(\frac{\delta_{cmc}}{\delta X_{DMLL}}\right)_{T,P} \quad (式\ 1\text{-}4)$$

ここで，X_{DMLL} は溶液全体における DMLL のモル分率，$X_{C_mPOE_{20}}$ は溶液全

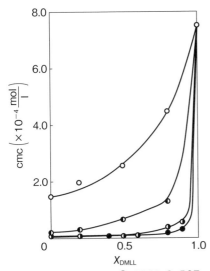

○: DMLL-$C_{12}POE_{20}$　◐: DMLL-$C_{14}POE_{20}$
◑: DMLL-$C_{16}POE_{20}$　●: DMLL-$C_{18}POE_{20}$

図 1-7　DMLL-C_mPOE_{20} 混合系の cmc 変化（40℃）

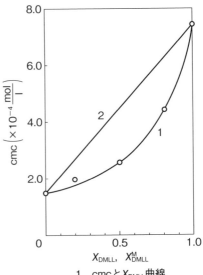

1. cmc と X_{DMLL} 曲線
2. cmc と X_{DMLL}^M 曲線

図 1-8　DMLL-$C_{12}POE_{20}$（アルキル鎖長の短い POE_{20}）混合系の cmc と DMLL のモル分率の関係（40℃）

体における C_mPOE_{20} のモル分率，cmc は界面活性剤の cmc である．

まず，DMLL–$C_{16}POE_{20}$ 混合系の cmc の変化を**図 1-7** に表す[7]（縦軸，cmc；横軸，DMLL のモル分率）．この図から得られた値を式 1-4 に代入して求めた混合ミセルの組成との関係図を**図 1-8** のように作成する（縦軸，cmc；横軸，求めた混合ミセルの組成）．そうすると，2 本の曲線が得られる（曲線 1 と曲線 2）．曲線 1 は実測した cmc と溶液中の DMLL のモル分率との関係を示し，曲線 2 は実測した cmc と式 1-4 より求めた混合ミセル中の DMLL のモル分率との関係を表す．本村ら[5]は曲線 1 と曲線 2 の差が大きいほど離層性が小さいとしている．また，離層性からのズレが大きいほど相互作用は大きいとされている[8]．すなわち，曲線 1 と曲線 2 の差が大きいほど混合ミセル内にお

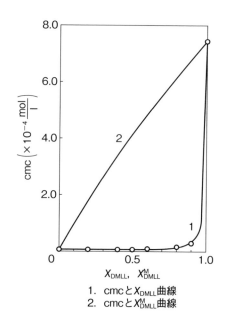

図 1-9　DMLL–$C_{18}POE_{20}$ 混合系（アルキル鎖長の長い POE_{20}）の cmc と DMLL モル分率の関係（40 ℃）

ける相互作用は大きいことになる．

1・9　ワンポイントメリット

　後述するように，界面活性剤の濃度と表面張力値のグラフからミセル形成濃度（臨界ミセル濃度：cmc）を求めることができるが，cmc を求める最も正確な値を得るためには，界面活性剤の濃度変化による当量伝導度の変化から求めるのがよい．しかし，電荷を有しない非イオン界面活性剤の当量伝導度の変化を測定することは現有の電極では極めて難しく，一般的ではない．この項目で取り上げる表面張力測定法は，界面活性剤のイオン性に左右されない測定法なので最も都合がよい．

参 考 文 献

[1] "Mixed Surfactant Systems", Eds. by K. Ogino, M. Abe, Marcel Dekker, New York, (1992).

[2] "Mixed Surfactant Systems Second Edition", Eds. by M. Abe, John F. Scamehorn, Marcel Dekker, New York, (2005).

[3] N. Funasaki, S. Hada, *J. Phys. Chem.*, **8383**, 2471 (1979).

[4] D. N. Rubingh, "Solution Chemistry of Surfactants", ed. by K. L. Mittal, Plenum Press, New York p. 337 (1979).

[5] K. Motomura, M. Yamanaka, M. Aratono, *Colloid Polymer Sci.*, **262**, 948 (1984).

[6] 荻野圭三，阿部正彦，椿　信之，*油化学*, **31**, 953 (1982).

[7] 荻野圭三，久保田知明，加藤和雄，阿部正彦，*油化学*, **36**, 432 (1987).

[8] 師井義清，*油化学*, **20**, 596 (1980).

2 動的表面張力の測定

 1の静的表面張力の測定は各種界面活性剤の基礎物性を把握するために必要不可欠な評価法である．一方，ここで解説する動的表面張力は，静的表面張力法では評価が難しい，界面活性剤の濃度特性把握や洗剤などの起泡性評価が可能であるため，産業界において重要な役割を果たす．例として，界面活性剤の吸着性およびそれに伴う張力の低下は，乳化，濡れに相関することなどが挙げられる．

 動的表面張力の測定法としては，最大泡圧法（Maximum Bubble Pressure method）が代表的な方法であり，液体中に挿した細管に気体を流して，気泡を発生させたときの最大泡圧を計測し，表面張力を算出するものである．基本原理は，Young–Laplace式に基づく．試料溶液中にバブリングした際にキャピラリ先端で形成される気泡の内圧 P の変化を，微差圧計を用いて測定し，浮力と表面張力 γ_t との関係式にて求める．

$$\gamma_t = \frac{r(P-(h+2/3r)\rho g)}{2}$$

（γ_t：動的表面張力，r：キャピラリの内半径，P：気泡内圧，h：溶液表面からキャピラリ端までの距離，ρ：試験溶液の密度，g：重力加速度）

 さらに，得られた動的表面張力値に対応する経時（吸着時間）変化は，図2-1に示す最小泡圧Ⅰ（気泡がキャピラリ先端を離れようとするときキャピラリ先端で形成される曲率半径 $R=\infty$ の気泡表面が示す圧力）から，最大泡圧Ⅱ（気泡が半球状に成長し R が最小となったときに示す圧力）に至るまでを測定することで，本原理の関係式にて求める．

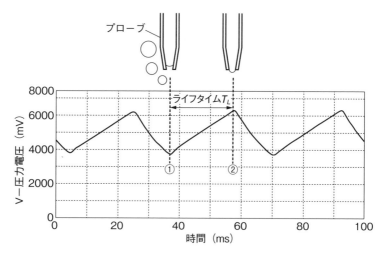

図 2-1 最大泡圧法による動的表面張力測定

$$P = \frac{2\gamma}{R}$$

（P：気泡内圧，γ：表面張力，R：気泡の曲率半径）

以上より，最低泡圧Ⅰから最大泡圧Ⅱの時間をライフタイムといい，動的表面張力測定を評価する上での時間のパラメータとなる．

2・1 この測定で何がわかるか？

(1) 界面活性剤の特性の指標となる表面張力低下速度（$d\gamma_t/dt$）max を算出可能
(2) 界面活性剤の吸着特性の指標となる気泡のライフタイムを算出可能
(3) 短い時間での濡れ性の予測

2・2 測定のキーポイント

界面活性剤水溶液の動的表面張力値を測定する場合，多岐にわたる分野で簡便に用いられている装置は，最大泡圧法を用いた動的表面張力計である（**図 2**

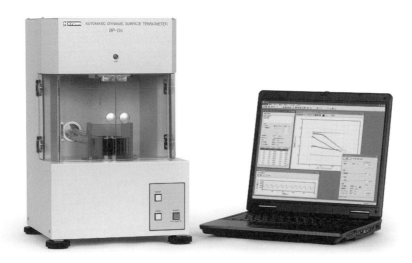

図 2-2 動的表面張力計 BP-D5（写真提供：協和界面科学）

-2)．物理化学的観点から清浄した水を用い，界面活性剤溶液中に気泡を発生させ，その気泡にかかる圧力を経時で測定し，その最大圧力から表面張力を算出する．その際，界面活性剤の濃度・温度などの存在条件の違いによりライフタイムが変化，つまり表面の吸着量が変化するため表面張力値にも変化が生じる．

2・3 データの正しい読み解き方

起泡性の指標として多く利用されている表面張力低下速度の最大値は，以下の Rosen らの方法に従い求めることができる．測定した動的表面張力値の時間変化を，次式の緩和関数でフィッティングし，t^*，n を決定する．

$$\gamma_t = \frac{\gamma_m - (\gamma_0 - \gamma_m)}{\left(1 + \left(\dfrac{t}{t^*}\right)\right)^n}$$

t：吸着時間/sec　γ_t：吸着時間 t における表面張力値/mNm^{-1}
γ_m：表面張力のメソ平衡値（30 秒間の変化が 1mNm^{-1} となったとき

の値)

γ_0:溶媒の表面張力値 (72.0mNm^{-1})

t^*:γ_tがγ_0とγ_tの中間値となるときの吸着時間/sec

$$\gamma_{t-t^*} = \frac{\gamma_0 + \gamma_m}{2}$$

n:定数

上式の微分形式は以下の通りとなる.

$$\frac{d\gamma_t}{dt} = \frac{(\gamma_0 + \gamma_m)\left(\frac{n(t/t^*)}{t^*}\right)}{\left\{1 + \left(\frac{t}{t^*}\right)^n\right\}^2}$$

$t = t^*$のとき,

$$\frac{d\gamma_t}{dt} = \frac{-n(\gamma_0 + \gamma_m)}{4t^*} = -\left(\frac{d\gamma_t}{dt}\right)_{max}$$

の関係より表面張力低下速度の最大値を算出できる.

2・4 測定する場合の注意点

界面活性剤の溶液状態は,種々条件(温度・濃度など)により動的表面張力測定値に大きく影響するため,恒温恒湿条件で精密に測定を行う必要がある.また,キャピラリなどの汚れもデータ精度に影響するため注意するべきである.

2・5 ワンポイントメリット

動的表面張力値は,界面活性剤の特性の指標となる表面張力低下速度,界面活性剤の吸着特性の指標となる気泡のライフタイム,短い時間での濡れ性の予測などに用いることができる.例えば,産業界においては界面活性剤のミセルモノマー解離や油の可溶化挙動の予測,起泡性の評価に用いることが可能であり,本技術活用による大きなブレイクスルーが今後期待される.

参 考 文 献

[1] J. B. K. Hudaes, H. N. Stein, *J. Colloid lnterface Sci.* **140** (1990) 307
[2] Y. Hua, M. J. Rosen, *J. Colloid lnterface Sci.* **124** (1988) 652
[3] Y. Hua, M. J. Rosen *J. Colloid lnterface Sci.* **139** (1990) 397
[4] Y. Hua, M. J. Rosen, *J .Colloid lnterface Sci.* **141** (1991) 180

3 表面圧（π）-分子占有面積（A）等温線の測定

　不溶性単分子膜の研究は非常に古く，1769年にベンジャミン・フランクリンが，郷里の英国のクラハムの池で茶さじ一杯のオリーブ油をまいて，波静めの実験をしたことに始まる．その後，台所の片隅でのアグネス・ポッケルスによる油膜の厚さを変える研究を経て，1916年にアーヴィング・ラングミュアによって現在の表面圧力計の原型が作られた．表面圧力計では，媒体（主に水）の表面に展開させた脂質分子や油，タンパク質，界面活性剤などの不溶性単分子膜の配向や分子間相互作用に関する知見が得られる．

　とくに，気/水界面での特異的な脂質分子と生体関連物質との相互作用を利用した生体膜の機能解明，バイオミメティック材料やバイオインターフェース開発など，生体や医療分野に関連した基盤・応用研究が盛んに行われている．また，気/水界面上の単分子膜を固体基板上にすくい取った（転写）膜は，ラングミュア・ブロジェット膜（LB膜）と呼ばれ，分子メモリやセンサなど分子エレクトロニクスの分野での応用が期待されている．

3・1　この測定で何がわかるか？

(1) 2次元の状態方程式に相当する表面圧（π）-分子占有面積（A）等温線が得られる
(2) 気/水界面上の単分子膜の配向や分子間相互作用を知ることができる
(3) 二成分系の場合，各分子間の相互作用や混和性に関する知見が得られる
(4) 気/水界面上の単分子膜を固体基板上に転写したラングミュア・ブロジェット膜（LB膜）を作成することができる

3・2 測定のキーポイント

現在使用されている表面圧力計には，(1) ウィルヘルミー型，(2) ラングミュア型の2種類があるが，水面に吊り下げられた Pt（白金）または紙のプレートの垂直方向の力を測定するウィルヘルミー型の方が，水槽より少し短い長さのフロート（ステンレス鋼のフロートをテフロン塗装したもの）にかかる水平方向の力を測定するラングミュア型よりも，簡便であり汎用的に用いられている．したがって，ここではウィルヘルミー型の表面圧力計について説明する．

ウィルヘルミー型の表面圧力計を図 3-1 に示す．測定の手順は，まず，よく洗浄したトラフ（水槽）に，媒体となる水をトラフの縁から盛り上がるまで満たす．次いで，同様によく洗浄したバリヤー（仕切り板）をトラフの縁に沿わせて素早く移動させ掃き出すか，アスピレータを用いて水を吸引することにより，清浄な表面を得るとともに，トラフの縁から盛り上がっている水の高さを調整する（0.5～1 mm の間が望ましい）．恒温槽を用いて温度を一定にした後，アルコールランプにより赤熱洗浄した白金プレート（赤熱洗浄後，30 秒以上は空冷すること）を浸漬させる．クロロホルムなどの揮発性有機溶媒に溶解した試料を，マイクロシリンジにより気/水界面に素早くかつ静かに滴下す

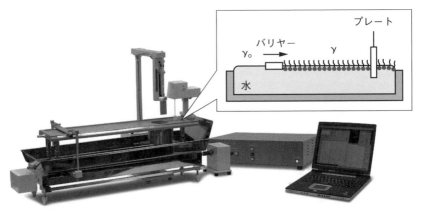

図 3-1　表面圧計 HBM-700（写真提供：協和界面科学）

る。溶媒の揮発とともに，気/水界面に単分子膜が形成される。この際，溶媒は比較的短時間で揮発するが，10分程度は静置することが望ましい。

　形成した単分子膜は，バリヤーでの圧縮による面積の減少に伴い，気/水界面で拡張しようとする力を生じる。これは表面圧（π）と呼ばれ，純粋な水の表面張力（γ_0）と単分子膜の表面張力（γ）との差（$\pi=\gamma_0-\gamma$）で表されるため，単分子膜の表面張力（γ）を実測することにより，表面圧（π）を求めることができる。なお，表面圧（π）の単位は，表面張力と同様に $\dfrac{\mathrm{mN}}{\mathrm{m}}$ となる。

3・3　データの正しい読み解き方

　得られるデータとしては，縦軸に表面圧（π）を，横軸を単分子膜の面積を分子数で割った分子占有面積（A）としたグラフである（**図 3-2**）。一定の温度における表面圧（π）と分子占有面積（A）との関係は，3次元における圧力（P）と体積（V）に相当することから，2次元の状態方程式として見なすことができる。このため，膜分子間の相互作用の強さや配向，二成分系の場合には，その混和性などに関する知見が得られる。

　バリヤーで単分子膜が十分に圧縮されておらず，分子占有面積（A）が大き

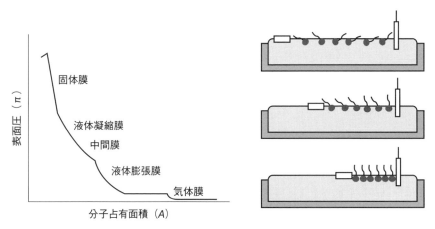

図 3-2　表面圧（π）-面積（A）等温線

い場合，図3-2（a）に示すように，水面上で分子はばらばらに自由に運動しており，この状態が気体膜と呼ばれ，表面圧（π）は小さく，ほぼゼロと見なすことができる．これを圧縮していくと，分子占有面積（A）が変化しても表面圧（π）が一定に保たれる気/液の共存領域を経て，表面圧（π）が増大する液体膨張膜となる．さらに圧縮すると中間膜を経由して，液体膨張膜よりも分子が密に詰まった液体凝縮膜となる．これらは，膜分子の状態が流動性を示し，液状であることから液体膜と呼ばれる（図3-2（b））．その後，分子が固体状に密に詰まった固体膜（図3-2（c））となった後，単分子膜は崩壊圧（γ_c）を迎えて三次元崩壊する．このように，単分子膜の表面圧（π）-面積（A）等温線の測定から，膜分子の分子間相互作用や配向，相転移に関する情報を得ることができる．なお，表面圧（π）-面積（A）等温線は，三次元における圧力（P）-体積（V）等温線に相当すると述べたが，図3-2の中間膜，液体膨張膜は三次元では通常は見られない相である．

例えば，不溶性単分子膜を形成するリン脂質（ジパルミトイルフォスファチジルコリン：DPPC）とセラミド脂質（Ceramide III）混合系の表面圧（π）-分子占有面積（A）等温線を**図3-3（a）**に示す．DDPC単独の単分子膜は，液体膨張膜から液体凝縮膜への相転移が認められる．また，一定の表面圧（π）における分子占有面積を，Ceramide III のモル分率（$X_{Ceramide\ III}$）に対してプロットしたものを図3-3（b）に示す．図より，表面圧が低い場合$\left(10\dfrac{mN}{m}\right)$は，理想直線（図中の点線）より下に凸になったことから，混合により分子膜の配向が密になることがわかる．一方で，表面圧が高い場合$\left(30\dfrac{mN}{m}\right)$は，混合により分子占有面積が変化しないことから，単分子膜中においてDPPCとCeramide III は理想混合する，あるいは完全に相分離することが考えられる．

また，表面圧（π）-面積（A）等温線から，式3-1によって定義される表面圧縮率（β^s）を求めることもできる．なお，表面圧縮率（β^s）の逆数が，単分子膜のギブスの弾性率となる．

3 表面圧 (π)-分子占有面積 (A) 等温線の測定

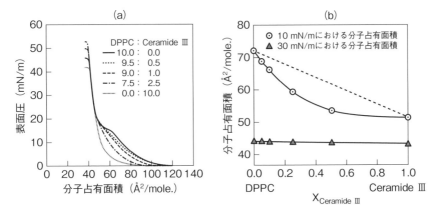

図3-3 DPPC/Ceramide III 混合系の，(a) 表面圧 (π)-分子占有面積 (A) 等温線 (30 ℃) 及び，(b) 一定圧における分子占有面積 (A) とモル分率 (X) との関係

$$\beta^s = -\frac{1}{A}\left(\frac{\partial A}{\partial \pi}\right)_T \qquad (式\ 3\text{-}1)$$

ここで，A は分子占有面積，$π$ は表面圧，T は温度である．なお，表面圧縮率 ($β^s$) は，表面圧 (π)-分子占有面積 (A) 等温線の数値微分となるため，分子占有面積に対してプロットすると単分子膜の相転移点を正確に求めることができる．

3・4 ウィルヘルミー型の表面圧力計で測定する場合の注意点

ウィルヘルミー型では，白金プレートを用いて単分子膜の表面張力 ($γ$) を測定するが，プレートの水に対する接触角がゼロであることを前提にしている．したがって，白金プレートの汚れや歪み，傷などにより，プレートの濡れ性が低下すると正確に測定することができない．

また，単分子膜を水面上に展開する溶媒としては，上述したクロロホルムの他に，ヘキサン，エーテルなどが用いられるが，溶解性が低い場合は，エタノールなどの水溶性の溶媒を混合してもよい．この際は，膜物質が下層水中に溶

け込んで正確な分子占有面積が得られないので，注意が必要である．また，クロロホルムを溶媒とした溶液でも，密度が大きいため，マイクロシリンジの先端を水面すれすれまで近づけて滴下することが望ましい．また，表面圧（π）-面積（A）等温線の測定は，不溶性の単分子膜を対象としており，親水性界面活性剤など，下層水中に溶け込んでしまう分子には適応できないので，注意が必要である．

3・5 ワンポイントメリット

　気/水界面上の単分子膜を，表面圧（π）を一定に保ったままで，マイカなどの固体基板上にすくい取ることができる．このように作製した膜は，ラングミュア・ブロジェット膜（LB膜）と呼ばれ，絶縁性，圧電効果，非線形光学効果などを示す分子材料として注目されている．また，固体基板上に固定することで，原子間力顕微鏡（AFM）で観察することが可能であり，分子レベルでの単分子膜の配向や混和性に関する知見が得られる．但し，気/水界面上の単分子膜の状態を，直接反映しない場合もあるので注意が必要である．なお，気/水界面上の単分子膜を直接観察する手法として，分解能はAFMに劣るものの，ブリュースター角顕微鏡（BAM）などが挙げられる．

4 表面粘度の測定

　泡は古くから石けんやビールなどに見られる身近な現象であり，表面積の大きな泡で汚れを包み込んで洗浄することや，泡で蓋をしてビールの酸化を防いだり，口当たりをよくするなどの役割を担っている．泡立ち（起泡）やすさは，気/水の界面を拡張する仕事と考えられ表面張力と関連しているが，熱力学的に不安定な泡の安定性は，表面粘度（表面粘性率）と密接な相関がある．泡の安定性に液体の粘度が寄与しているとは感覚的にも理解しやすいが，界面活性剤，脂質，タンパク質水溶液などの表面粘度の測定からは，泡の安定性（寿命）に関する指標を得ることができる．

　また，上述したような泡立ち（起泡）は，発泡プラスチックやセメントに代表されるような幅広い工業製品に利用されている一方で，食品・発酵や繊維・染色，塗料・インキ，石油化学工業などの製造プロセスでは，泡消し（消泡）が重要な技術となっている．様々な条件で利用される消泡剤の選定や開発にも表面粘度は重要な指標を与える．

4・1　この測定で何がわかるか？

(1) 界面活性剤，脂質，タンパク質などの各種媒体溶液（主として水）の表面粘度を求めることができる
(2) 泡安定性の指標となる表面粘度の経時変化を追跡することができる
(4) 気/液界面上の吸着分子膜の配向や集合状態に関する知見が得られる
(3) エマルションの安定性の指標となる液/液界面における界面粘度を求めることができる

4・2　測定のキーポイント

　界面活性剤，タンパク質などの界面活性物質の各種媒体（主に水）における表面粘度測定には，(1) 減衰振動法，(2) 回転法，(3) 細隙（さいげき）法の3種類が挙げられる．(1) の減衰振動法では，水平にシャフトで固定された円板上の検出体を，シャーレに入れた試料表面に接触させた後に回転振動を与え，接触表面の粘性抵抗による回転振動の減衰率から表面粘度を測定することができる．なお，(2) の回転法は，バルク液体の粘度を測定するクエット型の回転粘度計を，(3) の回転法は毛細管粘度計を，それぞれ2次元化したものである．

　ここでは最も汎用的な手法である (1) の減衰振動法について述べる．

　減衰振動法による表面粘度計を図 4-1 に示す．測定手順としてはまず，よく洗浄したシャーレを装置内の恒温槽にセットし，試料をシャーレの縁から盛り上がるまで満たす．次いで，同様によく洗浄したバリヤー（仕切り板）をシャーレの縁に沿わせて素早く移動させ掃き出すか，アスピレータを用いて試料を吸引することにより，盛り上がっている試料をシャーレの縁と同じ高さにする．また，表面粘度は温度に大きく依存するため，試料に温度センサを差し込む．試料台（シャーレ）を上昇させることにより，あらかじめよく洗浄した検

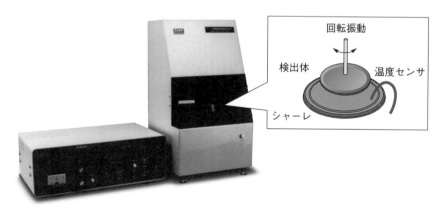

図 4-1　表面粘度計 SVR-A 型（写真提供：協和界面科学）

出体と試料とを接触させた後に，回転振動を与え，接触表面の粘性抵抗による回転振動の減衰率から表面粘度を求める．

4・3 データの正しい読み解き方

得られるデータとしては，検出体の回転振動の変位と時間との関係であり，粘性抵抗による回転振動の減衰曲線が実測される（図 4-2）．ここで減衰率（λ）は，$\lambda = \log_e\left(\dfrac{a_1}{a_2}\right) = \log_e\left(\dfrac{a_2}{a_3}\right) = \cdots$ で与えられ，振動周期（T）と併せて，試料の表面粘度（η^s）は，式 4-1 から算出することができる．

$$\eta^s = \frac{I}{2\pi} \cdot \frac{\lambda}{T}\left(\frac{1}{\gamma_1^2} - \frac{1}{\gamma_2^2}\right) \qquad (式4\text{-}1)$$

I は慣性モーメント，λ は自然対数減衰率，T は振動周期，γ_1 は検出体の半径，γ_2：はシャーレの半径である．なお，3次元における粘度（η）の単位は，$Pa \cdot S = \dfrac{N}{m^2 \cdot S}$ で表されるが，2次元の表面粘度の場合，$\dfrac{N}{m \cdot S}$ となる．水の表面粘度は，25 ℃ で 0.10 $\dfrac{mN}{m \cdot S}$ であるが，温度の上昇とともに，水素結合が弱まるために表面粘度は低下する．また，代表的な界面活性剤であるドデシル硫酸ナトリウム（SDS, 50 mM, 25 ℃）水溶液の表面粘度は，0.11 $\dfrac{mN}{m \cdot S}$ となり，市販のビールの表面粘度は，0.16 $\dfrac{mN}{m \cdot S}$（25 ℃）となる．こうした界面活性剤水溶液やビールなどの表面粘度と，泡の安定性には相関があることが知られて

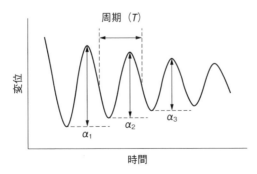

図 4-2　減衰振動曲線

いる．

　上述したように，主な媒体となる水は，接触抵抗が大きいため表面粘度が高い．例えば，界面活性剤の表面における吸着膜や，脂質などによる不溶性単分子膜のみの表面粘度を測定し科学的に議論するためには，媒体である水の表面粘度を差し引くブランク補正を行う必要がある．この場合の表面粘度は，式4–2で表される．

$$\eta_S = \frac{I}{2\pi}\left(\frac{\lambda}{T} - \frac{\lambda_w}{T_w}\right)\left(\frac{1}{\gamma_1^2} - \frac{1}{\gamma_2^2}\right) \qquad (式4\text{-}2)$$

I は慣性モーメント，λ は自然対数減衰率，λ_w は水の自然対数減衰率，T は振動周期，T_w は振動周期，γ_1 は検出体の半径，γ_2：はシャーレの半径である．これにより，吸着膜だけの表面粘度を測定することができ，吸着膜分子の配向状態や集合状態に関する知見が得られる．

4・4　減衰振動法で測定する場合の注意点

　シャーレ中の試料の高さは，表面粘度の値にさほど影響を与えないものの，できうる限り一定とし，シャーレの縁と同じであることが望ましい．一方で，検出体と試料表面の接触の仕方は，表面粘度の値に大きな影響を及ぼす．通常は，水を媒体とする導電性の試料が，検出体と接触したときの通電により表面を認識し，シャーレを乗せた試料台が自動で停止する（実際には接触してから試料台は，0.5 mm ほど上昇）．この際，図4・1に示すように試料に差し込んだ温度センサが，導電体の役割を果たすので，検出体を接触させる前に必ず差し込んでおく必要がある．また，水以外の媒体など導電性のない試料を測定する場合は，シャーレを真横から注意深く見ながら，検出体が接液した瞬間に試料台を停止するようにしなければならない．

4・5　ワンポイントメリット

　気/液界面における界面活性剤の吸着膜の表面粘度ばかりではなく，減衰振

動法では，液/液界面，例えば水と油の界面における吸着膜の界面粘度を求めることもできる．この場合は，まずシャーレに界面活性剤の水溶液を注ぎ，アスピレータで液面の高さを整える（5 mm 程度）．次に，検出体を同様に接触させ（この場合は，接触してから試料台はすぐに止め，0.5 mm 上昇させない），油をシャーレの縁と同じ高さまで（検出体が隠れるまで）入れた後に，表面粘度と同様に，接触界面の粘性抵抗による回転振動の減衰率から界面粘度を求める．なお，この界面粘度は，エマルションの安定性と相関があることが知られている．

5 水と油との界面張力の測定

　液/液界面張力とは，混ざり合わない2種類の液体（一般的には水と油）の界面に働く力を指す．前項の気/液表面張力において，気体が液体に置き換わったものである．しかし，我々の身近には，水と油の混合物であるエマルションとして数多くのもの（化粧品，食品など）が存在している．これらエマルション製品は，界面活性剤などの乳化物を加えることによって，水と油を容易に混合させている．このようなエマルションの特性を理解する上で，水と油の界面張力やその界面に作用する乳化剤の情報は必須となる．そこで，水と油の界面に働く力である油水界面張力の測定方法について説明する．

5・1　この測定で何がわかるか？

　水と油の界面張力値や界面活性剤に代表される乳化物の乳化能を知ることができる

5・2　測定のキーポイント

　油/水界面張力の測定は，表面張力測定と同様の測定原理で測定することができる．ここでは，特に汎用性が高い測定法であるウィルヘルミー法とペンダントドロップ法について解説する．

(1)　ウィルヘルミー法

　白金プレート（ガラスプレートを用いる場合もある）を液体に浸すと，液体はプレートに対して濡れ上がり，プレートを液中に引き込もうとする．この引き込む力から界面張力を測定する方法がウィルヘルミー法であり，図 5-1 に示すような測定装置が用いられ，その模式図を図 5-2 に示す．その際，界面

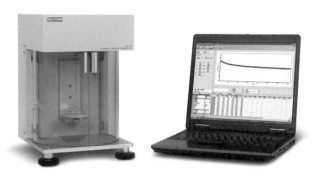

図 5-1　界面張力測定装置一式（写真提供：協和界面科学）

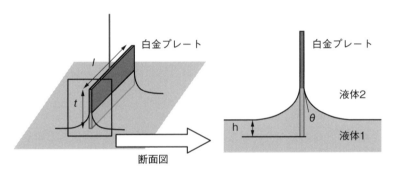

図 5-2　ウィルヘルミー法の測定原理

張力は以下の式に基づいて算出できる．

$$P = mg + 2(l+t)\gamma \cdot \cos\theta - lth\Delta\rho g$$

P：張力，m：プレート質量，g：重力加速度，(l)：プレート長さ，t：プレート高さγ：界面張力，θ：プレートと液体の接触角，h：沈む深さ，$\Delta\rho$：液体の密度差

ウィルヘルミー法は白金プレートに対する張力から算出されるため，装置写真のように外部からの影響（風，揺れなど）を受けないように，測定試料近辺を密閉する必要がある．

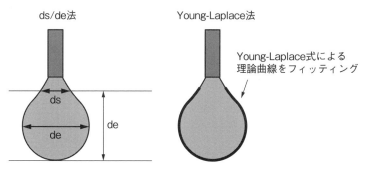

図 5-3 ペンダントドロップ法の測定原理

(2) ペンダントドロップ法

　試料溶液の液滴の曲率半径から，界面張力を算出する方法がペンダントドロップ法である．液滴における各種パラメータを図 5-3 に示す．また，各種パラメータと界面張力の関係は，下記の式によって表すことができる．

$$\gamma = \Delta \rho g d_e^2 \frac{1}{H}$$

　　　γ：界面張力，$\Delta \rho$：液体の密度差，g：重力加速度，d_e：液滴の最大直径，$1/H$：d_s/d_e から求まる補正係数

　この解析方法は，$\dfrac{d_s}{d_e}$ 法と呼ばれ，簡易的に界面張力を算出できる方法である．

　一方で，近年の画像解析技術の発達に伴い液滴の輪郭形状を Young-Laplace 式にフィッティングさせて界面張力を精度よく算出する Young-Laplace 法も存在する．液滴の輪郭形状は，Young-Laplace 式により以下のような連立微分方程式で表すことができる．

$$\frac{dx}{ds} = \cos\phi, \quad \frac{dz}{ds} = \sin\phi, \quad \frac{d\phi}{ds} = 2 + \beta z - \frac{\sin\phi}{x}$$

$$\left(\text{ただし，} \beta = -\frac{\Delta \rho g b^2}{\gamma} \right)$$

輪郭曲線の多数の座標とこの理論曲線をフィッティングさせることで，$\dfrac{d_s}{d_e}$ 法よりも精度よく界面張力を求めることができる．

5・3 データの正しい読み解き方

界面張力が高いということは，両液体が互いに混ざりにくいということを示している．すなわち，界面張力値が高い程，混合状態を保ちづらく，二相分離しやすくなる．その防止手段として，界面活性剤の添加がある．界面活性剤を添加すると，界面張力の低下や界面膜の形成などにより，二相分離を防ぐことができる．図 5-4 に界面張力と界面活性剤濃度の関係を示す．界面活性剤濃度の増加に伴い，界面張力が低下することが分かる．界面張力の低下は，弱い物理的手段（攪拌）で微細な液滴を分散できることを意味しており，水と油の混合物であるエマルションの理解に欠かせない情報である．この界面張力とエマルションの粒子径は比例関係にあり，約 30 mN/m 以下では通常の攪拌，さらに低い約 2 mN/m 以下では自然に（外的因子を加えることなしに）エマルションを生成できることもある．さらに，界面張力を 10^{-3} mN/m まで低下させると，非常に微細なエマルション（マイクロエマルション）を生成できる．

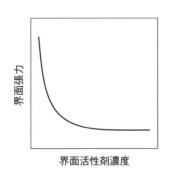

図 5-4　界面張力と界面活性剤濃度の関係

5・4 測定する場合の注意点
・ウィルヘルミー法
(1) この測定法では，接触角 θ の影響を無視するため，通常 $\theta=0$ の状態に近づけて測定を行う．これは，測定溶液によく濡れるプレートの選択，プレート表面に凹凸をつけ，濡れ性をよくするなどの処理により $\theta=0$ に近づけることができる．
(2) 油水界面張力を測定する際，白金プレートに対する油の濡れ性，浮力の補正を行う必要がある．そのため，油中の張力をあらかじめ測定しておく必要がある．

・ペンダントドロップ法
(1) 液滴の形状から界面張力を算出するため，液滴の作成には注意を払う必要がある．一般的には de と ds の比が0.6〜0.9程度が適当とされている．また，液滴量により曲率も変化するため，長時間の測定には不向きであるといえる．
(2) 測定時にはシリンジに液滴を入れるが，シリンジ内を液体のみで満たす必要がある．例えば，シリンジ内に気体が混入していると，内圧の変化で液滴を保つことができなくなるためである．これを防ぐためにも，試料溶液をシリンジに入れた後，シリンジを逆さにして中の空気を押し出した後に，測定装置にセットする．

5・5 ワンポイントメリット
ウィルヘルミー法では，2つに相分離した界面にプレートを静かに接触させ，界面張力を測定する．この際，水相か油相のどちらかを色素などで染色しておくと，界面を視覚的に確認できる．この処理により，測定初期のプレートへの濡れ性などを見分けやすくなる．

ペンダントドロップ法においては，各種濃度の界面活性剤溶液を調製する必

要なく，連続相に界面活性剤溶液を添加していくのみで，界面張力に対する界面活性剤濃度のプロットを簡便に描くことができる．

　界面張力を低下させるための界面活性剤は，概してイオン性界面活性剤の方が非イオン界面活性剤よりもよく，親水基と疎水基の大きい方が効果的である．

6 水晶振動子マイクロバランス（QCM-D）測定

　固体表面に対する界面活性剤の液相吸着挙動を評価するには，吸着等温線の測定が必要不可欠である．吸着等温線の測定は古くから行われており，その代表的な手法は Depletion 法である．すなわち，固体微粒子の分散系に界面活性剤を添加し，一定時間経過後，溶液中に残る界面活性剤の濃度（平衡濃度）を何らかの分析手法により求め，添加濃度との差から吸着量（固体微粒子の単位質量あるいは単位面積あたりに吸着した界面活性剤の物質量）に換算する手法である．この手法は数段階のプロセスを経て分析が行われる，つまり一連の分析に手間がかかるという欠点がある一方で，汎用機器で分析可能なケースがほとんどであり（高速液体クロマトグラフィーや色素との複合体形成に基づく溶媒抽出分析がしばしば行われる），吸着等温線を測定する手法としては今もって有力である．

　近年では，平板状の固体を対象とした吸着量の測定法も発展してきた．例えば，水晶振動子マイクロバランス（QCM-D）法，光学反射（OR）法，分光エリプソメトリー（SE）法ならびに表面プラズモン共鳴（SPR）法などが知られている．これらの測定装置はいずれも高額であり，必要性を感じたときにすぐにアクセスできるとは限らないが，それぞれの手法の利点と欠点（限界）をよく理解した上で実験計画を立てれば，有益な情報を得ることができる．

　水晶振動子マイクロバランス（Quartz Crystal Microbalance）測定は，ある一定の共振周波数で振動している振動子（センサ）の表面に物質が吸着すると，その質量に比例して振動数が減少することを利用した測定手法である．この比例関係は Sauerbrey の式として知られている（式 6-1）[1]．また，Q-Sense 社が提供している QCM-D 装置（図 6-1）では，振動数の変化と同時に，Dissipation（エネルギー散逸）と呼ばれる値も測定できる（式 6-2）．ある一

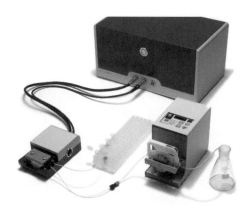 

図 6-1　QCM-D 装置とセンサ（写真提供：メイワフォーシス）

定の周波数で振動している振動子の電流を遮断すると，その振幅は減衰していく．粘弾性の高い（やわらかい）吸着膜の場合には振動を吸収しやすく，振幅の減衰が速やかにおこる一方で，粘弾性の低い（かたい）吸着膜の場合には振動の吸収がおこりにくく，振幅の減衰は緩やかに進む．すなわち，Dissipation の値は振動子（センサ）の表面に形成された吸着膜の粘弾性に関係する指標となり，粘弾性の高い吸着膜は Dissipation の値が大きくなる[2]．**図 6-2** に測定原理の模式図を示す．QCM-D 測定は物質の吸着を極めて高感度に検出できる有力な手法であるが，このことは様々な付加的要因によって，測定結果が影響されやすいことも意味している．以下，筆者の経験に基づき，Q-Sense 社の QCM-D 装置について測定法やデータ解析法のポイントを紹介する．

$$\text{Sauerbrey の式：} \Delta m = -C \frac{\Delta f}{n} \qquad \text{(式 6-1)}$$

Δm：質量変化　　　Δf：振動数変化
n：オーバートーン数　　C：比例定数

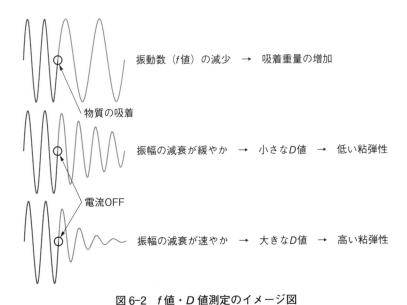

図6-2 f値・D値測定のイメージ図

$$\text{Dissipation の定義式}: D = \frac{E_{lost}}{2\pi E_{stored}} \quad (\text{式 6-2})$$

E_{lost}：消失（散逸）エネルギー

E_{stored}：振動子に蓄えられた全エネルギー

6・1 この測定で何がわかるか？

(1) 高感度で吸着物質の質量変化を検出できる．例えば基本振動数が 5 MHz の水晶振動子の場合，1 Hz の振動数変化は $17.7\,\text{ng/cm}^2 = 0.177\,\text{mg/m}^2$ の質量変化に対応する．

(2) 吸着物質の質量変化のみならず，吸着膜の粘弾性状態も Dissipation 値として評価できる．

(3) 気相中のみならず液相中における吸着や反応解析も可能であり，0.3〜0.5 秒程度の間隔で振動数と Dissipation 値の変化を検出できる．つまり，非

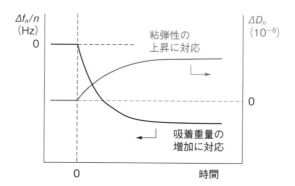

図 6-3　f 値・D 値測定結果の模式図

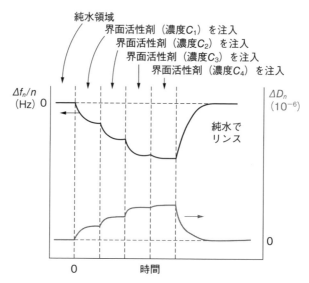

図 6-4　QCM-D による吸着等温線測定の模式図

平衡状態(平衡状態に至る過程)における吸着や反応の解析も可能である(Depletion 法では解析困難).図 6-3 と図 6-4 に測定結果(時間変化)の模式図を示す.

(4) 付属の解析ソフトを利用すると，粘弾性モデルに基づき，吸着膜の粘性，弾性，厚さなどを見積もることができる．

6・2 測定のキーポイント

(1) 装置外部からの振動はノイズの原因となるので，装置の設置場所に配慮が必要である．実験室のドアの開閉や装置周辺の歩行，他の装置からの振動などが主なノイズ源である．

(2) 測定中に系内の温度が変化すると，振動数も Dissipation 値も鋭敏に影響を受ける．上記の装置では，±0.02 ℃で温度管理されている．測定時の温度履歴を記録しておくと，測定ノイズの原因を考察する際に有益である．

(3) センサの表面を清浄にすることが再現性のよいデータを取得するための鉄則である．センサの洗浄方法はその材質に依存する．例えば，シリカのセンサについては，UV オゾンクリーナによる有機物の分解除去と弱アルカリ性界面活性剤水溶液（実験器具洗浄用）中での超音波洗浄を必要に応じて繰り返し行い，さらに多量の純水による洗い流しと窒素ガスフローでの乾燥を行う．センサをつかむピンセットが汚染源となる場合もあるので，清浄なピンセットを利用しなければならない．

(4) 測定を開始する前に毎回，共振周波数と Dissipation 値を空気中と純粋な溶媒（水）中で測定し，記録しておく．これらの値は，センサの劣化を判断する指標となる．

(5) 測定中に気泡が発生，あるいは流入しないように注意が必要である．とりわけ，界面活性剤の水溶液は起泡性があるため，気泡の発生と流入には細心の注意が必要である．また，溶液セルへの注入温度（室温）よりも高い温度で測定する場合には，測定中に系内で気泡が発生しやすくなるため（気体の溶解度が低下するため），サンプル溶液をあらかじめ脱気しておくことが望ましい．

(6) 溶液セル（モジュール）の O-ring が劣化すると弾力性が低下するため，測定中に"ずれ（ゆがみ）"を生じる場合がある．これがノイズ源になる場合もあるので，定期的に O-ring を交換しておくことが望ましい．

6・3 データの正しい読み解き方

　QCM-D 測定では，振動数の変化量からセンサに吸着した物質の質量を見積もることができる（Sauerbrey の式）．ただし，ここで見積もられた質量の変化を，純粋にその物質の「吸着量」と解釈するのは危険である．注意するべき1つの点は，吸着膜の溶媒和効果である．例えば，同等な実験条件下で比較した場合でも，QCM-D 測定により見積もられた「吸着量」は，OR 法，SE 法，あるいは SPR 法により見積もられた「吸着量」よりも大きくなる傾向があり，この差が吸着膜の溶媒和量に相当するとされている[3]．そのため，QCM-D 法による吸着量は "Wet mass"（吸着物質の吸着量に加えて，溶媒の結合量も振動数の変化に寄与しているため），OR 法などにより見積もられた吸着量は "Dry mass"（光学的な測定であり，吸着物質そのものの挙動を反映しているため）と呼ばれることもある．溶媒和量が多い吸着系については，Dissipation の値も大きくなる，つまり吸着膜の粘弾性が高くなる傾向がある．一方で，QCM-D センサの表面凹凸を考慮すると，"Wet mass" と "Dry mass" の差はほとんどなくなるとの報告もある[4]．

　QCM-D の測定結果に関するもう1つの注意点は，バルク粘性の効果である．すなわち，センサの表面に物質が吸着（つまり，質量が増加）することで振動数は減少するが，それに加えてバルク粘性が増加しても振動数は減少する．Kanazawa-Gordon の式（式 6-3）によると，振動数の減少度はバルク流体（ニュートン流体を前提とする）の粘度と密度の積の平方根に比例することが知られている[5]．界面活性剤の吸着量を QCM-D 測定で見積もる際は，界面活性剤の測定濃度範囲でバルク粘性は変化しないことを前提とする必要があり，より厳密には，Kanazawa-Gordon の式から予測される振動数の変化量をあらか

じめ差し引くか，あるいはその界面活性剤がまったく吸着しないセンサを利用してバルク粘性の効果を実験的に求め，それを差し引く必要がある[6].

$$\text{Kanazawa–Gordon の式：} \Delta f = -f_0^{\frac{3}{2}} \left(\frac{\rho_L \eta_L}{\pi \rho \mu} \right)^{\frac{1}{2}} \quad \text{（式6-3）}$$

Δf：振動数変化　　　　　f_0：基本振動数
ρ：振動子の密度　　　　　μ：振動子のずり弾性率
ρ_L：溶液（流体）の密度　η_L：溶液（流体）の粘度

6・4　ワンポイントメリット

　Q–Sense社のQCM–D装置の場合，一般的なQCM装置で用いられている金センサだけでなく，シリカ，チタニア，アルミナ，ハイドロキシアパタイト，酸化鉄，あるいはポリスチレンなどで表面修飾したセンサも市販されており，幅広い応用分野に適応可能である（SPR法は一般に，金を基板として選択する必要がある．また，OR法やSE法では，入射光を反射できる基板を選択しなければならず，いずれの場合も基板の選択性に制限が多い）．

参 考 文 献

[1] G. Z. Sauerbrey, *Phys.* **155**, 206 (1959).
[2] M. Rodahl, F. Höök, A. Krozer, P. Brzezinski, B. Kasemo, *Rev. Sci. Instrum.* **66**, 3924 (1995).
[3] F. Höök, B. Kasemo, T. Nylander, C. Fant, K. Sott, H. Elwing, *Anal. Chem.* **73**, 5796 (2001).
[4] L. Macakova, E. Blomberg, P. M. Claesson, *Langmuir* **23**, 12436 (2007).
[5] K. K. Kanazawa, J. G. Gordon II, *Anal. Chim. Acta* **175**, 99 (1985).
[6] R. Bordes, F. Höök, *Anal. Chem.* **82**, 9116 (2010).

7 原子間力顕微鏡（AFM）測定

　固体表面に両親媒性物質（界面活性剤）が液相吸着していく挙動は従来，吸着等温線を作成したり，固体表面のζ電位を測定したりするなどして評価されることが一般的であった．これらの知見を元に，比較的小さな分子量を有する界面活性剤については，いくつかの吸着モデル（逆配向モデル・表面二分子層モデル・表面ミセルモデルなど）が提唱されている[1]．これら間接的な実験手法に加えて，1990年代の後半からは原子間力顕微鏡（AFM，**図7-1**）による分子吸着層の直接観察が行われるようになった．AFMによる吸着層の観察は，多くの場合，カンチレバー（**図7-2**）と呼ばれる極めて鋭利なプローブ先端と

図7-1　AFM装置
（写真提供：日立ハイテクサイエンス）

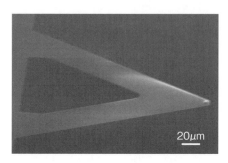

図 7-2　カンチレバーの電子顕微鏡写真

試料（吸着層）表面との間に働く微弱な斥力を溶液中で「その場」検出し，その斥力をマッピングすることで実現している[2]．この測定法は AFM の「コンタクト法」に分類されるが，吸着層にダメージを与えずにマッピングするという観点から「ソフトコンタクト法」とも称される．具体的な報告例については，筆者のまとめた総説があるので，そちらも参照いただければ幸いである[3]．一方，カンチレバーをある一定の周波数で振動させながら走査し，吸着層の形態（モルフォロジー）を非破壊で観察することも可能である．AFM による吸着層の構造評価はこれまで，平衡論の観点から実施されることが多かったが，AFM の技術的な進歩により，吸着層の形成過程に関する議論も最近では可能となってきた[4]．

　カンチレバーの先端と界面活性剤による吸着層との間には，静電斥力，立体斥力，ファンデルワールス（van der Waals）引力，あるいは疎水性引力など様々な相互作用力が生じる．ソフトコンタクト法で利用する相互作用力は通常，静電斥力と立体斥力である．また，検出された相互作用力を（見かけの）表面間距離に対してプロットすることで，フォースカーブを得ることができる．例えば，カンチレバーの先端と吸着層との間に引力が働くような実験条件下では，吸着層の形態を画像化することは原理的に困難であるが，そのような場合でもフォースカーブを測定することで，吸着層の構造に関する有益な情報が得られる．つまり，AFM による測定では，吸着層の形態を画像化すると同

時に，フォースカーブの測定結果を解釈することで，より多くの情報を引き出すことができる．

AFM の装置原理については優れた成書が多数存在するので，ここでは筆者の経験に基づき，界面活性剤吸着系を溶液中で評価する場合の注意点を紹介する．

7・1 この測定で何がわかるか？

(1) 固体表面上に形成された界面活性剤吸着層の形態を溶液中で「その場」評価できる．観察された画像データから，例えば球状やグローブ状，円柱（棒・ひも）状，あるいは平板（ラメラ）状など，その吸着形態を判断できる．

(2) フォースカーブを測定することで，吸着層の高さ方向に関する情報を得ることができる．具体的には，吸着層の厚みや圧縮性に関する議論が可能である．

(3) フォースカーブはカンチレバーを基板に近づけていった時（アプローチ）と逆にそこから遠ざけていった時（リトラクション）のセットで測定される．後者のデータからは，基板（吸着層）に対するカンチレバーの付着力を見積もることができる．付着力のデータはばらつきが大きくなりがちなので，多数の測定データを統計的に処理することが望ましい．

(4) カンチレバーから一定の垂直加重を与えつつ，走査時に生じる「ねじれ量」を測定することで，界面活性剤吸着系のフリクションカーブ（摩擦力）を評価できる（ナノトライボロジー）．

7・2 測定のキーポイント

(1) 装置外部からの振動はノイズの原因となるので，通常，装置本体は除振台の上に設置される．

(2) カンチレバーと固体基板の表面を清浄にした上で測定を実施する．カンチレバーをつかむピンセットや液中セルが汚染源となる場合もあるので，

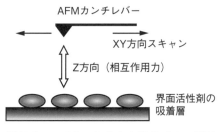

図 7-3 ソフトコンタクト法のイメージ図

これらも清浄に保たなければならない.
(3) 可能な限り凹凸の少ない固体基板を選択した方が,データの取得と解釈が容易である.
(4) 界面活性剤の吸着層は数 nm 程度の厚さになるため,基板そのものの凹凸よりも小さな高低差となることが多い.そのため,実際の高低差情報をマッピングした画像では吸着層の形態が不明瞭になるため,ソフトコンタクト法ではいわゆる誤差信号像(表面形状のエッジ部が強調された画像)で評価される場合が多い.
(5) ソフトコンタクト法においては,カンチレバーと吸着層との間に働く微弱な斥力を検出することで,吸着層の形態を画像化している(図 7-3).吸着層側に加わる力が強すぎると吸着層は崩壊し,基板そのものの凹凸情報を拾うことになる.一方,吸着層側に加わる力が弱すぎると,吸着層から遠く離れた位置でカンチレバーを走査することになるので,ぼんやりとした不明瞭な画像しか得ることはできない.そのため,フォースカーブを測定しながら,最も高い解像度で画像化できる条件(セットポイント)を探索しなければならない.カンチレバーが吸着層を圧縮し,崩壊させる(jump-in)直前の力で走査すると,距離に対する力の感度が最高になるので解像度は高くなる.ただし,熱ドリフトなどの影響で,セットポイントとして設定した力が走査中に変化していく場合もあるので,注意が必要である.なお,この性質をうまく利用すると,吸着層側

7 原子間力顕微鏡（AFM）測定

陽イオン性界面活性剤ヘキサデシルトリメチルアンモニウムブロミドが臭化ナトリウムの存在下でシリカ表面に吸着したときの画像。250nm四方で観察。

図7-4 ソフトコンタクト法で得たAFM画像の例

に加わる力が徐々に変化していった場合の見え方の違いを確認できる．ソフトコンタクト法で得たAFM画像（界面活性剤吸着系）の一例を図7-4に示す．

(6) 周期的な構造が観察された場合（例えば，円柱状と解釈される吸着形態の場合），走査する範囲や方向を変化させることで，それが電気的なノイズに由来したシグナルではないことを確認する必要がある．

7・3 データの正しい読み解き方

溶液を乾燥後，界面活性剤（とくに高分子系界面活性剤）の吸着形態を大気中で観察した実験例を散見する．しかし，乾燥過程で吸着層の構造は大きく変化していることが予測されるため，溶液中でおこっている現象を解明するためには「その場」での検証が必須である．

AFMによりフォースカーブを測定すると，縦軸に電圧（あるいは電流），横軸にピエゾの移動距離をプロットした図が得られる．この生データにカンチ

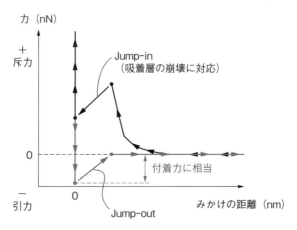

図7-5 フォースカーブの概念図

レバーのばね定数やたわみ量を勘案することで,縦軸に力,横軸に(見かけの)表面間距離をプロットした図に変換する(**図7-5**).ここで注意するべき点は,距離の定義である.すなわち,AFMの測定では,カンチレバーと基板とが一体化して移動する領域(constant compliance region)を距離ゼロと定義する.このとき,カンチレバーと基板との間に吸着種がサンドウィッチのように挟まり,それが圧縮時においても排出されない場合,距離ゼロの定義が曖昧となる.一方,表面力測定装置(SFA)[5]の場合には表面間距離が厳密に定義されるため,AFMとSFAの測定結果に不一致が生じる.また,力の算出にあたっても,ばね定数の取り扱いによっては誤差の一因となる.

　フォースカーブの解釈で見落としがちな点は,カンチレバーに対する界面活性剤の吸着性である.通常使用するカンチレバーはシリコンや窒化ケイ素製であり,中性の水溶液中では負に帯電する.そのため,陽イオン性の界面活性剤は吸着しやすく,これが基板との間に引力(界面活性剤の濃度が低いとき),あるいは静電的な斥力(濃度が高いとき)を生じる理由である.また,プローブの先端に形成された界面活性剤の吸着層は物理的な圧縮に弱いとされている.カンチレバーを基板方向に近づけていくと,実験条件によっては二段階の

斥力を検出するが（主に，界面活性剤の添加濃度が高いとき），一段階目（遠距離側）の斥力と二段階目（近距離側）のそれとの間で検出される jump-in はカンチレバー側に形成された吸着層の崩壊，基板表面への jump-in は基板側に形成された吸着層の崩壊と解釈されている[6]．後者は，物理的な圧縮が加えられている状況下での吸着層の厚さに相当する[7]．一方，同様に検出された二段階の斥力を，基板表面上に積層された二枚の吸着膜に由来すると解釈した論文も存在している[8]．これら解釈の違いを明らかとするには，液中での分光エリプソメトリーなど複数の解析手法を併用して現象の理解に努めることが望ましい．

7・4　ワンポイントメリット

　カンチレバーの先端に真球状の粒子（直径数〜数十μm）をとりつけても，フォースカーブやフリクションカーブを測定できる．この測定手法はコロイドプローブ法と呼ばれる[9]．カンチレバーの材質はシリコンや窒化ケイ素が一般的であるが，上記の条件に合致する真球状粒子をプローブとして用いることで，固体種として選択できる材料の選択性が広がる．また，検出された相互作用力をプローブ球の曲率半径で規格化することで，エネルギーの次元に変換することも可能である（Derjaguin 近似）[5]．通常のカンチレバーについては，先端の曲率半径がメーカーからの公称値として示されている．しかし，個々のカンチレバーには物性のばらつきがあり，しかも測定中に先端が摩耗している恐れもあるため，表面間の相互作用エネルギーを公称値から厳密に求めることはできない．また，相互作用の及ぶ距離が曲率半径よりも極めて小さいときにのみ Derjaguin 近似は適応可能とされており[5]，この意味でもカンチレバーの曲率半径から相互作用エネルギーを算出するのは好ましくない．一方，コロイドプローブ法では，プローブの曲率半径を測定可能であり，かつその値は巨視的である（つまり，相互作用の及ぶ表面間距離よりも十分に大きくなる）ため，上記の問題を解決する１つの手段となっている．

参 考 文 献

[1] 江角邦男, 色材 **70**, 675 (1997).
[2] S. Manne, J. P. Cleveland, H. E. Gaub, G. D. Stucky, P. K. Hansma, *Langmuir* **10**, 4409 (1994).
[3] 酒井健一, 江角邦男, 色材 **75**, 24 (2002).
[4] S. Inoue, T. Uchihashi, D. Yamamoto, T. Ando, *Chem. Commun.* **47**, 4974 (2011).
[5] J. N. Israelachvili, (大島広行訳・朝倉書店), 分子間力と表面力（第3版）(2013).
[6] F. P. Duval, R. Zana, G. G. Warr, *Langmuir* **22**, 1143 (2006).
[7] E. J. Wanless, W. A. Ducker, *J. Phys. Chem.* **100**, 3207 (1996).
[8] R. E. Lamont, W. A. Ducker, *J. Am. Chem. Soc.* **120**, 7602 (1998).
[9] W. A. Ducker, T. J. Senden, R. M. Pashley, *Nature* **353**, 239 (1991); W. A. Ducker, T. J. Senden, R. M. Pashley, *Langmuir* **8**, 1831 (1992).

8 静的光散乱（SLS）測定

　溶液中におけるナノメートルからサブミクロンオーダーの粒子（ミセルなどの分子集合体，固体微粒子など）は，通常の顕微鏡では観察することができないほど小さい粒子である．このような粒子の構造を知る手法としては，光散乱が最も適している．中でも静的光散乱は，測定試料に光を入射させた際，散乱した光の強度を散乱角 θ の関数として測定できる．これにより，会合数や慣性半径，第二ビリアル係数などを推定することができる．現在では，小角散乱装置の普及により活躍の場が薄れてきている印象もあるが，静的光散乱法は粒子の分子量（会合数）やサイズ情報を非破壊的に測定できる優れた測定方法である．ここでは，静的光散乱測定から会合数やサイズ，形状を推定する解析方法について紹介する．

8・1 この測定で何がわかるか？

(1) 溶液中における分子集合体の分子量，慣性半径，第2ビリアル係数，会合数を求めることができる
(2) 測定角度依存性を測定し，理論曲線と比較することで，分子集合体の形状（球状，楕円状，ランダムコイルなど）及び大きさを推定できる

8・2 測定のキーポイント

　静的光散乱法で分子集合体の会合数を測定する方法として，測定角度を90°のみで行う Debye Plot 法や測定角度を変化させる Zimm Plot 法などがある．目的粒子サイズがレーザー波長の1/20より小さければ散乱強度に角度依存性はなくなり，散乱光強度の角度分布は対称な形となる．この散乱光強度の角度依存性は，45°と135°との散乱光強度の比（$Z_{45}=I_{45}/I_{135}$）の値から検討できる．

この Z_{45} 値が1ならば角度依存性はなく，Debye Plot 法を用いることができる．一方で，Z_{45} 値が1より大きくなると，角度依存性があることになるため，Zimm Plot 法を用いる必要がある．

以降に，Debye Plot 法と Zimm Plot 法を用いた粒子形状と会合数の算出方法についてそれぞれ記載する．

(1) Debye Plot 法

散乱角度依存性がない小さな粒子の場合，以下の式が得られる．

$$\frac{Kc}{R_\theta} = \frac{1}{M} + 2A_2 c \quad \text{(式 8-1)}$$

　　K：光学定数，c：試料濃度 [g/ml]，R_θ：レイリー比，M：ミセル量（重合平均分子量），A_2：第二ビリアル係数

この式 8-1 から分かるように，$\frac{Kc}{R_\theta}$ を濃度 c に対してプロットしたものが Debye Plot であり，図 8-1 のように表せる．図中に示した通り，このプロットの傾きから第二ビリアル係数と切片から重合平均分子量を求めることができる．

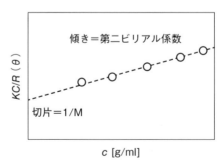

図 8-1　Debye Plot 法のグラフと得られる情報

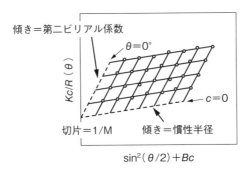

図 8-2　Zimm Plot 法のグラフと得られる情報

(2) Zimm Plot 法

散乱角度依存性が観測される大きな粒子の場合，式 8-1 は式 8-2 のように表せる．

$$\frac{Kc}{R_\theta} = \frac{1}{M}\left(1 + \frac{16\pi^2}{3\lambda^2}(R_g^2)\sin^2\left(\frac{\theta}{2}\right) + ...\right) + 2A_2c \quad (\text{式 8-2})$$

λ：レーザー波長 [nm]，R_g：慣性半径 [nm]

種々の溶質濃度に対して，いくつかの角度での光散乱測定を行い，$\frac{Kc}{R(\theta)}$ を $\sin^2\left(\frac{\theta}{2}\right) + Bc$ に対してプロットすることで，図 8-2 の Zimm Plot を作成することができる．このグラフにおいて，切片は平均重合分子量の逆数を表している．したがって，重合平均分子量 M を界面活性剤分子量で割ることで，会合数を算出できる．さらに，傾きからは第二ビリアル係数と慣性半径が求まる．

(3) 形状及び大きさの推定

分子内干渉因子 $P(\theta)$ を用いて，各形状に関する理論式から得られる理論曲線と比較することで，分子集合体の形状及び大きさを推定することができる．ここで，$P(\theta)$ は以下の式により表すことができる．

$$P^{-1}(\theta) = \frac{Kc}{R_\theta} \cdot M \quad (\text{式 8-3})$$

表 8–1 様々な形状の粒子における理論式

形状	形状因子	慣性半径	備考
球	$P(\theta) = \left[\dfrac{3}{x^3}(\sin x - x\cos x)\right]^2$ $x = \dfrac{4\pi r}{\lambda}\sin\dfrac{\theta}{2}$	$R_G^2 = \dfrac{3r^2}{5}$	r：半径
棒	$P(\theta) = \dfrac{1}{y}\displaystyle\int_0^{2y}\dfrac{\sin t}{t}dt - \left(\dfrac{\sin y}{y}\right)^2$ $y = \dfrac{2\pi l}{\lambda}\sin\dfrac{\theta}{2}$	$R_G^2 = \dfrac{L^2}{12}$	L：長さ
ランダムコイル	$P(\theta) = \dfrac{2}{z^2}(z - 1 + e^{-z})$ $z = \dfrac{16\pi^2}{\lambda^2}\left(\dfrac{R^2}{6}\right)\sin^2\dfrac{\theta}{2}$	$R_G^2 = \dfrac{R^2}{6}$	R：両末端間平均距離
円盤	$P(\theta) = \dfrac{2}{X^2}\left\{1 - \dfrac{J_1(2X)}{X}\right\}$ $X = \dfrac{4\pi r}{\lambda}\sin\dfrac{\theta}{2}$	$R_G^2 = \dfrac{r^2}{2}$	r：半径
楕円	$P(\theta) = \dfrac{9\pi}{2}\displaystyle\int_0^{\pi/2}\dfrac{J_{3/2}^2(V)}{V^3}\cos\beta\,d\beta$ $V^2 = \left(\dfrac{4\pi}{\lambda}\sin\dfrac{\theta}{2}\right)^2\cdot(a^2\cos^2\beta + b^2\sin^2\beta)$ $J_{3/2}(V) = \dfrac{2a^2 + b^2}{5}$	$R_G^2 = \dfrac{2a^2 + b^2}{5}$	a：短軸の長さ b：長軸の長さ

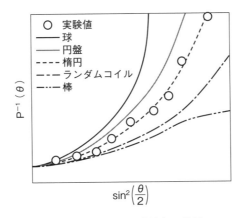

図 8-3 実測値と理論値との比較

　Zimm Plot 法から得られた慣性半径を式 8-2 に代入することで，各測定角度における $P^{-1}(\theta)$ の実測値を算出することができる．また，各形状の理論式をまとめたものが**表 8-1** である．式 8-2 と式 8-3 にならって，縦軸に $P^{-1}(\theta)$，横軸に $\sin^2\left(\frac{\theta}{2}\right)$ として実測値および理論曲線をプロットする．ここで，実験値と理論曲線をフィッティングさせることで，各形状の大きさを決定する．また，各形状の理論曲線を比較して，実測値と最も相関性のある曲線がその分子集合体の形状として推定できる．**図 8-3** に各形状の理論曲線と実験値をプロットした例を示す．図 8-3 に限って言えば，実験値が楕円の理論曲線とよい相関性を持っていることが分かり，この分子集合体の形状は楕円形であると推定できる．

8・3　データの正しい読み解き方

　Debye Plot 法および Zimm Plot 法で用いる式 8-1 と式 8-2 は，微粒子なども考慮した一般的なものを記載した．しかし，界面活性剤には臨界ミセル濃度（cmc）が存在するので，この cmc を考慮する必要がある．すると，式 8-1 と式 8-2 はそれぞれ式 8-4 と式 8-5 以下のように書き換えることができる．

$$\frac{K(c-c_0)}{R_\theta-R_0} = \frac{1}{M} + 2A_2(c-c_0) \quad \text{(式 8-4)}$$

$$\frac{K(c-c_0)}{R_\theta-R_0} = \frac{1}{M}\left(1+\frac{16\pi^2}{3\lambda^2}(R_g^2)\sin^2\left(\frac{\theta}{2}\right)+...\right)+2A_2(c-c_0) \quad \text{(式 8-5)}$$

C_0：ミセル形成濃度 [g/ml]，R_0：ミセル形成濃度における還元散乱強度

8・4 測定する場合の注意点

　Debye Plot 法は，散乱光の角度依存性のみから会合数や第二ビリアル係数を求めることができる．しかしながら先にも述べたとおり，用いるレーザー波長の 1/20 より大きな粒子に対して Debye Plot 法を用いることはできない．

　Zimm Plot 法において，種々の測定角度と濃度から図形（平行四辺形）を描くことになる．この際，実測値のプロットが平行四辺形からはみ出していたり，y 軸切片（分子量）がマイナスになっている場合，以後の解析に問題が生じるため，測定をやり直す必要がある．

9 動的光散乱（DLS）測定

　粒子（ミセル，微粒子など）は，ブラウン運動による並進拡散により，溶液中において絶えず動いている．ここに光を照射すると，溶液中の粒子の大きさに依存した散乱強度の揺らぎを観測できる．わかりやすく言うと，小さな粒子は素早く拡散するため散乱強度が素早い変動をするが，大きな粒子は遅い変動をする．この変動の違いから自己相関分析を行うことにより，拡散係数が得られ，粒子のサイズを得ることができる．したがって，動的光散乱は界面活性剤が形成するミセルに代表される分子集合体，または微粒子などのサイズ情報を簡便に得ることができる測定である．

9・1　この測定で何がわかるか？
(1)　1nm～5μm の広域な粒子サイズを測定可能である
(2)　光を使用した非接触測定であり，試料を傷めることがない
(3)　溶媒の粘度と屈折率さえわかっていれば，粒子サイズを測定可能

9・2　測定のキーポイント
　まずは，動的光散乱測定の原理と粒子サイズが求まるまでの簡単なプロセスを図 9-1 に示す．先に述べたように，溶液中の粒子はブラウン運動により溶液中で絶えず拡散している．そのため，粒子は時間毎に位置が変化しており，これが干渉による光散乱強度の変動の要因である．この散乱強度の時間変動から自己相関分析を行うことで，拡散係数が求まる．さらに，分子が均一な球状であると仮定し，Stokes–Einstein の式(式 9-1)に代入することにより分子の流体力学的半径が求まる．

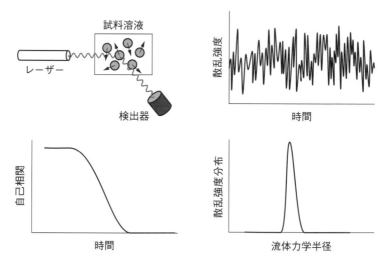

図 9-1 動的光散乱の測定から粒子サイズ分布が得られるまでのプロセス

$$D = \frac{k_B T}{3\pi\eta d} \qquad (式 9\text{-}1)$$

D：拡散係数，k_B：ボルツマン定数，T：温度，η：溶液粘度，d：球直径

このように得られた粒子サイズから，分子集合体の形成を確認することができる．

9・3 データの正しい読み解き方

(1) 自己相関関数グラフの良否

動的光散乱では，最終的に算出されるサイズ分布（図9-1右下）を見て，粒子径の評価を行うのが一般的である．確かにサイズ分布のデータを見て評価すること自体が間違いではないが，動的光散乱のデータで注意深く評価しなければならないのは，自己相関関数のグラフである．したがって，ここでは主とし

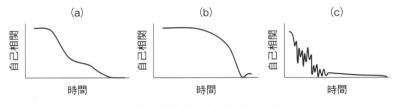

図 9-2　注意が必要な自己相関関数グラフ

て自己相関関数グラフの良否をどのように判断するかについて説明する．

　図 9-2 に注意が必要な自己相関関数グラフの例を示している．それぞれの相関関数をどのように理解するのかを以下で説明する．

(a) 2回屈曲して曲線が減衰していることが確認できる．これは，小さな粒子による早い減衰と大きな粒子による遅い減衰を表している．そのため，2種類の異なる大きさの粒子の存在が確認できる．

(b) なかなか減衰せず，長時間（時間軸の右側）でも減衰しきれていない．これは，かなり大きな粒子による散乱の影響が考えられるため，バブルや埃などの混入が考えられる．遠心分離やフィルターを通すなどの処理を行い，再測定する必要がある．

(c) 早い時間において不規則な関数が出現している．これは，溶媒のみ（すなわち，粒子が存在しない）場合によく見られる現象である．この原因は，粒子が小さ過ぎる，またはサンプル濃度が希薄と考えられる．そのため，小さな粒子からの散乱光強度を稼ぐためにレーザー強度を上げる，またはサンプル濃度を濃くするなどの処理を行う必要がある．

(2)　**粒度分布の種類**

　動的光散乱から得られるサイズ分布には，散乱強度分布・体積分布・個数分布の3種類がある．**図 9-3** は体積分布と個数分布での違いを表している．散乱光強度は粒子の体積の2乗に比例する．体積は半径の3乗に比例するので，大きい粒子は少ない個数でも強い散乱強度を与える．そのため，測定者が動的

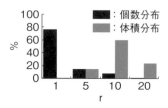

r	1	5	10	20
r^3	1	125	1000	8000
n	1000	200	100	5
n (%)	76.6	15.3	7.7	0.4
V (%)	0.6	15.1	60.2	24.1

図 9-3　個数分布と体積分布の違い

光散乱から何の情報を得たいのかが重要となる．一般的には，界面活性剤に代表される分子集合体のサイズ評価には，体積分布が用いられる．一方，個数分布は嵩高い分子のモノマーや固体微粒子のサイズ同定に用いられている．

9・4　測定する場合の注意点

(1) 動的光散乱法のデータ解析においては，粒子は均一かつ球形を前提としている．そのため，おおよそのサイズは分かっても，その形状などの詳細までは他の測定に頼らざるを得ない．また，得られるサイズは，粒子近傍の溶媒和層も含まれることも留意しておく必要がある．

(2) データ解析にあたり，Stokes–Einstein の式(式9–1)を用いる．そのため，測定する溶液の粘度，屈折率が既知でないと正確な測定ができない．

(3) 試料を測定する際，目的試料以外の異物（埃，気泡など）が混入すると，目的物質よりも強い散乱強度を与える．そのため，フィルターなどを使用して，できる限り異物の混入を防ぐことが重要となる．

(4) 測定溶液が白濁するような濃度の場合，多重散乱光による影響がでてくるため，測定する際の試料濃度はできるだけ薄い方が好ましい．

9・5　ワンポイントメリット

ここでは数ある動的光散乱装置の中でも，NICOMP について説明する．装置外観は図 9-4 の通りである．NICOMP は柔軟なカスタマイズ性を有しており，他の装置にはないオートサンプラーも搭載可能である．また，粒子径解析

図9-4 オートサンプラーと動的光散乱装置（Nicomp N3000）
（写真提供：ピーエスエスジャパン）

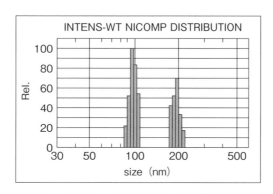

図9-5 93nmと150nmの標準ラテックス粒子混合品の測定
（データ提供：ピーエスエスジャパン）

には独自の解析ソフトである『NICOMPアルゴリズム』を搭載しており，複数のピークをもつサンプルについて正確に測定することが可能である．図9-5には異なるサイズの粒子（93nmと150nm）を混合した試料の測定結果を示している．数ナノサイズの違いにもかかわらず，一度の測定で正確な粒子サイズ情報を与えてくれる．

10 ミセルによる収着量の測定

　可溶化は吸着の一種であり，界面活性剤ミセルの場合にはミセル表面が液体膜で覆われているので，表面への吸着と内部への吸収の両方が考えられるので，広い意味での収着と言った方が適切である．可溶化は，乳化，分散などと同様に界面活性剤が持つ重要な界面化学的性質の1つであり，溶媒（水である場合が多い）に不溶または難溶な物質（被可溶化物質）の溶解度を界面活性剤の添加によって著しく増加させ，熱力学的に等方性溶液にする現象をいい，一定条件ではただ一種類の平衡系しか存在しない．

　可溶化という用語は，多くの場合クラフト点以上の温度における等方性の界面活性剤ミセル水溶液について使われるが，最近では非等方性（異方性）である液晶やゲルによる難溶性物質あるいは水溶性有機物質の溶解現象にも適用される．したがって，可溶化とは界面活性剤の存在により有機物質の溶解度を増加させる現象と広義に解釈した方がよい．また，可溶化に類似した現象として，水にアルコールやアセトンを添加したときに観察されるハイドロトロピー（Hydrotoropy）があるが，この現象はミセルなどの分子集合体が関係しない点で可溶化とは異なっている．さらに，可溶化は，溶媒中の有機物質を界面活性剤分子の集合体で包み込むという点では乳化と類似した現象であるが，乳化系は平衡に至る履歴に密接に関係するのに対し，可溶化系は熱力学的に平衡系であり，平衡に至る履歴には無関係である点で異なっている．ちなみに，マイクロエマルションは乳化系ではなく，膨潤したミセルが分散している系であるため可溶化系の範疇に入れられる．

　ミセルによる可溶化の機構を被可溶化物質の可溶化位置に注目して大別すると，以下に述べる4通りが考えられる（図10-1）．

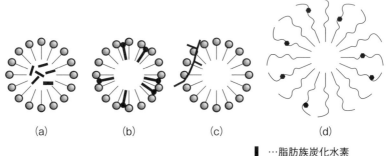

図10-1 界面活性剤ミセル内における種々の物質の可溶化位置

(a) 界面活性剤ミセルの中心（炭化水素部）への可溶化
　　（例えば，脂肪族炭化水素類，芳香族炭化水素類などの無極性物質）
(b) 界面活性剤分子間（表面近傍の炭化水素部）への可溶化
　　（例えば，アルコール類，脂肪族，アミンなど）
(c) 界面活性剤ミセル表面への可溶化
　　（例えば，極性の強い有機化合物や分子サイズの大きい染料など）
(d) 界面活性剤ミセル表面に存在する親水部への可溶化
　　（例えば，非イオン界面活性剤の親水部に対する水溶性物質）

　これら4つの可溶化機構による可溶化量の大きさは，便宜上ではあるが，(d)＞(b)＞(a)＞(c) の順であるとされている．また，これらの被可溶化物質を可溶化すると界面活性剤ミセルは膨張し，極性基を有する被可溶化物質を可溶化した方がその度合いは大きくなると言われている．非水溶液における可溶化は，逆ミセルによる水あるいは極性物質の溶解現象のことである．

10・1 可溶化物質が不揮発性の場合

不揮発性物質が染料の場合，研究対象とする染料の最大吸収波長においてその水溶液の吸光度を測定する．また，染料以外の不揮発性物質の場合には，測定波長を長波長（例えば，700nm にセットし，その水溶液の濁り度（濁度））を測定する．これと同じ操作を種々の濃度の界面活性剤濃度水溶液について測定する．得られた結果を，縦軸に吸光度を取り，横軸に染料やそれ以外の不揮発性物質の濃度を取り，比例関係からズレる濃度をその時の界面活性剤濃度水溶液における可溶化限界量（最大添加濃度）とする．次に，縦軸にそれぞれの可溶化限界量を取り，横軸にその時の界面活性剤の濃度を取る．得られる図の傾きが可溶化能に相当する．また，横軸との交点が cmc（ミセル形成濃度，臨界ミセル濃度）に相当する．

10・2 測定する場合の注意点

界面活性剤水溶液の被可溶化物質の最大添加濃度を求めるとき，バッチ式（あらかじめ数個程度のビーカーを用意しておき，それぞれに染料を加えて最大添加濃度を求める方法）と連続式（1 個のビーカーを用意しておき，染料を添加する．加えた染料が溶解しているのを確認してから，次の濃度に当たる染料を追加して，攪拌する）とでは得られる値に相違がでる．当然のことながら，連続式の方が最大添加濃度は高くなる．

10・3 可溶化物質が揮発性物質（香料）の場合
(1) 可溶化平衡定数を求める

可溶化平衡定数は，揮発性物質のミセル-バルク相間の分配平衡定数を表している．可溶化平衡定数（K：L/mol）はミセル中における揮発性物質のモル分率（X_{org}）とミセルに可溶化されずにバルク相に溶存している揮発性物質の濃度（C_{org}）の比として式 10-1 で与えられる．

$$K = \frac{X_{org}}{C_{org}} \quad \text{(式 10-1)}$$

式 10-1 の K の値が大きいほど，揮発性物質は分子集合体（ミセル）中に分配（可溶化）しやすいことを表している．なお，単位はモラリティーの逆数（M^{-1}）である．ここで，Hansen–Millar 式[1]によれば活量係数（ならびに可溶化平衡定数）とモル分率 X_{org} の間には直線関係が成り立つとされている[2]．しかし，モル分率が 0.2 もしくは 0.3 以下においては，可溶化平衡定数とモル分率との間に直線関係，すなわち 1 次式が成り立つが，揮発性物質の場合には 0.3 から 0.6 までのモル分率においては直線関係が成り立たず，むしろ 2 次式の方が適切であることが指摘され，式 10-2 の方が良い相関性を示すことが明らかにされている[3]．

可溶化平衡定数 K とミセル中における可溶化物質（揮発性物質）のモル分率 X との間には多くの可溶化系に対して次式が成立することが実験的に知られている[3]-[6]．

$$\sqrt{K} = \sqrt{K_0} - B\sqrt{K_0 X} \quad \text{(式 10-2)}$$

なお，$\sqrt{K}$ は可溶化平衡定数の平方根値，K_0 は $X \to 0$ における可溶化平衡定数，B は定数である．

ここで，K_0 は X_{org} をゼロに外挿したときの可溶化平衡定数であり，B は定数である．また，ミセル中における揮発性物質の活量係数 γ は式 10-3 で求められる．

$$\gamma_{org} = \frac{1}{KC_{org}} = \frac{A}{(1-BX_{org})} \quad \text{(式 10-3)}$$

ここで，$A = \dfrac{1}{K_0 C_{org}^0}$ である．

(2) 静的ヘッドスペース法[7][8]

溶液中に存在するある着目成分に対して気液平衡が成立しているとする．こ

のときヘンリーの法則あるいはラウールの法則に準ずる場合には，着目成分の蒸気圧（分圧）は水溶液中の濃度増加に伴い上昇し，常に溶液中の状態を反映していることになる．静的ヘッドスペース法は，溶液中の情報を液体の上部の空間，すなわち，ヘッドスペース部の蒸気圧を測定することにより種々の可溶化評価を行う方法である．

　ヘッドスペース法あるいはヘッドスペースガスクロマトグラフィーといわれるものには，動的および静的の2種類の測定法が存在する．まず動的ヘッドスペース法とは，揮発性物質を含む気体をループを通じて揮発させて樹脂などの吸着単体に一定時間吸着させた後，吸着させた物質を種々の方法で取り出しガスクロマトグラフィーに送り込み定量する方法である．この方法では揮発性物質の揮発速度を測定することができる．一方，静的ヘッドスペース法とは密閉可能な容器に揮発性物質を含む水溶液あるいは固体を添加し，恒温条件下，平衡に達するまで静置した後，密閉容器の上部（ヘッドスペース部）の気体をガスクロマトグラフィー装置で分析する方法である．ちなみに，静的ヘッドスペース法は，食品や香料系の臭気成分の分析などに用いられている方法である．

　静的ヘッドスペース法を用いて可溶化の評価を行うには，用いる被可溶化物質（油性物質）が揮発性を有している必要がある．揮発性を有する油性物質を界面活性剤水溶液に可溶化させた場合，可溶化系には2つの連続的な平行が存在していることになる．

　図 10-2 に示すように，1つはミセルに可溶化された揮発性物質とバルク水中に溶解しているフリーな揮発性物質の可溶化平衡であり，もう1つはバルク水中に溶解しているフリーな揮発性物質とヘッドスペース部に存在する揮発性物質との気液平衡である．

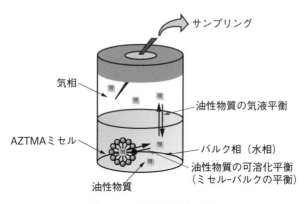

図 10-2　可溶化溶液モデル

　これら 2 つの平衡関係がバルクを通じて連続的であるということからも分かるように，可溶化量が大きいほどバルク中の揮発性物質の濃度は低下するため，ヘッドスペース中の揮発性物質の蒸気圧は低下する．逆に，可溶化量が小さいほどバルク中の油性物質の濃度は上昇するので，ヘッドスペース中の油性物質の蒸気圧も上昇する．この時の「蒸気圧変化」は「ヘッドスペース部における揮発性物質のモル数変化」と等価である（気体の状態方程式より）．そのためヘッドスペース部の蒸気圧変化は，ヘッドスペース部のガスの採取により間接的に知ることができる．こうして得られたヘッドスペース部の揮発性物質の蒸気圧と溶液中の揮発性物質の全濃度の関係（蒸気圧曲線）から可溶化に関する評価を行う．蒸気圧曲線から得られる情報としては，可溶化量，可溶化限界量（最大添加量），可溶化能などが挙げられる．

10・4　静的ヘッドスペース法による実験

　この方法は極めて簡易であり，所定量の揮発性物質を所定量の界面活性剤水溶液に添加してガスクロバイアルビンに密封して平衡に到達させる．この気相部分をガスタイトシリンジで分取し，ガスクロマトグラフィーにてピーク面積を測定すればよい．揮発性物質の蒸気圧と可溶化限界量の様子を図 10-3 に，

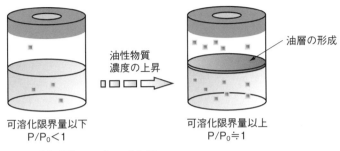

P:可溶化溶液サンプルの蒸気圧
P_0:純油性物質の蒸気圧

図 10-3　蒸気圧と可溶化限界量との関係

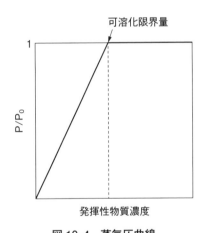

図 10-4　蒸気圧曲線

蒸気圧の比(P/P_0)と可溶化限界量(最大添加濃度)の関係を図 10-4 に示す.

ミセル-バルク相間における揮発性物質の可溶化平衡とバルク-気相間における揮発性物質の気液平衡を結びつけるために,水溶液中の揮発性油性物質の活量を測定する必要がある.

また,図 10-4 の可溶化限界量を種々の界面活性剤の濃度において測定し,その結果を縦軸にそれぞれの可溶化限界量をとり,横軸にそれぞれの界面活性

剤の濃度を取ると，その曲線の傾きが可溶化能に相当する．

10・5　その他の可溶化平衡定数の求め方

準平衡透析法（SED 法）[3][9][10]があるが，詳細は原著論文を参考にして頂き，ここでは簡単に述べる．

すなわち，分子量 6,000 ダルトン以上の分子をカットできるセルロース膜（セルロースアセテート製）を透析セルの中心にセットする．その透析セルの一方（原液側：retentate）に可溶化溶液を採取し，他方（透析側：permeate）には純水を採取して，30 ℃恒温下にて 24 時間透析した後，透析側の界面活性剤濃度ならびに揮発物質（例えば香料）濃度を定量し，次式により可溶化平衡定数 K を算出する．

$$K = \frac{X}{C} = \frac{X}{55.5 X_{bulk}}$$

ここで，X はミセル中における可溶化物質のモル分率（X＝[ミセル中の香料濃度]/([ミセルを形成する界面活性剤濃度]＋[ミセル中の香料濃度]))，C は可溶化されずにバルク相中に存在する香料の濃度（M）であり，X_{bulk} はバルク相中に存在する香料のモル分率である．

参考文献

[1] R. S. Hansen, F. A. Millar, *J. Phys. Chem.*, **58**, 193 (1954).
[2] G. A. Smith, S. D. Christian, E. E. Tucker, J. F. Scamehorn, *J. Solution Chem.*, **15**, 519 (1986).
[3] B. H. Lee, S. D. Christian, E. E. Tucker, J. F. Scamehorn, *Langmuir*, **6**, 230 (1990).
[4] M. Abe, K. Mizuguchi, Y. Kondo, K. Ogino, H. Uchiyama, J. F. Scamehorn, E. E. Tucker, S. D. Christian, *J. Colloid Interface Sci.*, **160**, 16 (1993).
[5] Y. Kondo, M. Abe, K. Ogino, H. Uchiyama, J. F. Scamehorn, E. E. Tucker, S. D. Christian, *Langmuir*, **9**, 899 (1993).
[6] H. Uchiyama, S. D. Christian, J. F. Scamehorn, M. Abe, K. Ogino, *Langmuir*, **7**, 95 (1991).
[7] T. Shikata, Y. Sakaiguchi, H. Urakami, A. Tamura, H. Hirata, *J. Colloid Interface Sci.*, **133**, 288 (1989).
[8] M. E. Morgan, H. Uchiyama, S. D. Christian, E. E. Tucker, J. F. Scamehorn, *Langmuir*, **10**, 2170 (1992).
[9] 近藤行成，水口勝信，徳岡由一，内山浩孝，加茂川恵司，阿部正彦，色材, **68**, 271 (1995).
[10] M. Abe, K. Mizuguchi, Y. Kondo, K. Ogino, H. Uchiyama, J. F. Scamehorn, E. E. Tucker, S. D. Christian, *J. Colloid Interface Sci.*, **160**, 16 (1993).

11 ミセル，エマルションのレオロジー測定

　レオロジーは，応力，ひずみ（変形），時間に対して，粘度および弾性率などの力学的パラメータを評価する科学である．塗料の塗りやすさや化粧品の肌触り，食品の食感など，身の周りのものでレオロジーが関わっている現象は多い．

　レオロジーでは粘度や弾性率を測定するが，絶対評価が困難であり，それが何を意味しているかを判断することが難しい．また，測定結果が実際の現象と一致しないケースも多い．例えば，壁に塗った塗料で粘度が高い方がたれてきてしまうというケースがある．これは主に測定条件に問題がある．すなわち，粘弾性を測定するときに剪断速度をどのくらいで測定したか，どのような測定装置を使用したかなど，測定条件が実際の現象を評価する上で適切でないことが原因である．レオロジーではどのような測定法で，どのような条件で，どのような測定装置を使用すればよいのかということを，対象となる試料や現象に応じて選択しなければならない．

　ここでは数式や原理などは初歩的なものにとどめ，詳細な数式や解析法については専門書に譲ることにし，主に測定法や測定上注意する点などに焦点をあてる．

11・1　この測定で何がわかるか？

(1) 材料の粘度および弾性率などの力学的パラメータに関する情報が得られる

(2) 試料のチキソトロピーに関しての情報が得られる

　チキソトロピーとは粘度が時間に依存して変化する性質のことである．チキソトロピー性はとくに分散系に関してよくみられる現象で，攪拌速度が速いと

液状になって粘度が下がり,静止すると固体状になって粘度が向上する性質である.チキソトロピー性を利用した身近な応用例として塗料や練り歯磨き粉などがある.

11・2 測定法とキーポイント

レオロジー測定で最も基礎的なパラメータである弾性率と粘度について概説する.

弾性とは応力とひずみが比例関係にあるというフックの法則に基づいている.弾性率はヤング率とも呼ばれ,

$$【ヤング率】= \frac{【応力】}{【ひずみ】}$$

である.弱い応力をかけた場合,その応力によって材料は変形し(ひずみを生じ),応力を抜けば元の状態に戻る.この領域を線形領域という.これ以上の応力をかけると,塑性変形を起こして元の状態には戻らない.レオロジーでは一般に動的粘弾性測定を行うが,その場合はこの線形範囲で測定をしなければならない(物質によっては最初から塑性変形してしまい弾性率を明確に定義できない場合も多い).

一方,粘性流体を流すと接している層間にずれが起こり,このずれの間に接線応力が現れる.このときの剪断応力は単位時間あたりの剪断ひずみ,すなわち剪断速度に比例し,そのときの比例係数が粘度になる.

$$【粘度】= \frac{【剪断応力】}{【剪断速度】}$$

このような性質を有する物質をニュートン流体と呼び,粘度が剪断速度に依存する物質を非ニュートン流体と呼ぶ.

(1) 粘度測定装置の選び方

測定温度が室温近傍である場合は,E型粘度計や**図 11-1**のようなレオメー

11 ミセル，エマルションのレオロジー測定

図11-1　レオメーターMCR（写真提供：アントンパール・ジャパン）

ターを使用し，治具はコーンプレートを使用する．試料の量は，コーンとプレートのギャップに充分に行きわたるように注意する．コーンの直径からはみ出ている場合は過大充填されているのでスパチュラなどできれいに拭き取るようにする．試料は少なすぎても多すぎても再現性のある結果が得られない．また，試料中に気泡がある場合は誤差要因となるので，測定前に気泡が入っていないことを確認する．

　試料の粘度が低く，コーンプレートでは困難な場合は，レオメーターの二重円筒で測定し，逆に高粘度の場合はパラレルプレートを使用する．また，測定温度が高い場合にはレオメーターを使用して測定する．

(2)　線形領域の探索と重要性

　動的粘弾性測定を行う場合は，必ず線形領域内で測定しなければならない．線形領域とは，応力とひずみが比例関係にある領域のことである．このとき弾性率の指標となる貯蔵弾性率 G' および粘度の指標となる損失弾性率 G'' は応

力およびひずみに依存せず一定となる．非線形領域で測定すると，その測定値は再現性がなく，物質固有の特性を導き出すことが困難である．レオメーターを用いて測定すると，どんなに非線形領域であっても値が出るので注意が必要である．未知の材料を測定する場合，必ず線形領域の探索を行ってから動的粘弾性測定を行う．

　線形領域の確認法としては古くからリサージュ図を作成する手法がとられてきた．リサージュ図では横軸に周期的に変化させたひずみ，縦軸にひずみに対する応答応力をプロットする．純弾性体ではフックの法則に従うので，リサージュ図は斜め 45° の直線となり，純粘性体では真円を描く．粘弾性体ではその中間になるので，斜め 45° に傾いたきれいな楕円になる（**図 11-2**）．リサージュ図を描いたときに，きれいな楕円が得られない測定条件は非線形領域となっているので，きれいな楕円となる測定条件を探索する必要がある．

　線形領域を簡便に確認するには，周波数を固定（通常は 1 Hz）して G' および G'' のひずみ（または応力）依存性について測定する（**図 11-3**）．このとき，G' および G'' がひずみ（または応力）に依存せず一定となっている領域が線形領域である．

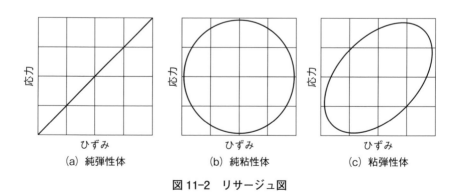

図 11-2　リサージュ図

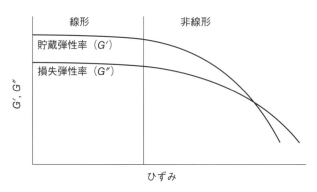

図 11-3　線形領域と非線形領域

11・3　データの正しい読み解き方

(1)　流動曲線

　流動曲線は縦軸に剪断応力，横軸に剪断速度を表す．曲線の傾きは粘度であるので，粘度の剪断速度依存性を調べていることに相当する．流動曲線の測定は剪断ひずみを一方向にかけた静的測定であり，レオロジーの第一歩とも言える重要な測定である．流動曲線を比較する場合は，実数軸ではなく対数軸で行う．両対数グラフで差がある場合は，数値的にも感覚的にも両者に差があるといえる．

　図 11-4 に典型的な流動曲線の例を示す．流動曲線はその形によって次のように分類される．

　　A：原点を通り直線となる場合（ニュートン流動）
　　B：原点を通らず，降伏値である剪断応力以上で直線となる場合（ビンガム流動）
　　C：原点を通り上に凸となる曲線（擬塑性流動）
　　D：下に凸となる曲線（ダイラタンシー）
　　E：原点を通らず，降伏値である剪断応力以上で直線にならない場合（非ビンガム流動）

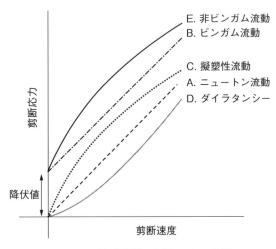

図11-4 流動曲線の形状による分類

(2) 動的粘弾性

　動的粘弾性は周期的に変化したひずみ，または応力を加えて試料の粘弾性を測定する手法である．貯蔵弾性率 G' および損失弾性率 G'' はそれぞれ弾性率および粘度の指標となる．一般的な周波数掃引測定では，印加するひずみ（または応力）を線形領域内で一定に制御し，G' および G'' などの力学的パラメータを算出する．

　正弦波ひずみ $\gamma = \gamma_0 \sin \omega t$ を与えたときの応答応力 σ の位相差を δ で表す．純弾性体の場合，ひずみと応力に位相差は生じないので $\delta = 0$，純粘性体の場合，ひずみと応力の位相差は $\pi/2$ だけずれるので，$\delta = \pi/2$ となる．粘弾性体の場合はこの間となるので，$0 < \delta < \pi/2$ となる．

　　　（純弾性体）　$\sigma = \sigma_0 \sin \omega t$

　　　（純粘性体）　$\sigma = \sigma_0 \sin\left(\omega t + \dfrac{\pi}{2}\right)$

　　　（粘弾性体）　$\sigma = \sigma_0 \sin(\omega t + \delta)$　$(0 < \delta < \pi/2)$

複素弾性率 E^* は，【応力】/【ひずみ】であり，

$$E^* = G' + iG''$$

となる．ここで，正弦波を加えたときのひずみの振幅を γ_0，応力の振幅を σ_0 とすると，

$$G' = \frac{\sigma_0}{\gamma_0}\cos\delta \qquad G'' = \frac{\sigma_0}{\gamma_0}\sin\delta$$

である．損失正接 $\tan\delta$ は弾性項を基準としたときの粘性項の割合を示し，

$$\tan\delta = \frac{G''}{G'}$$

である．したがって，$\tan\delta<1$ であれば $G'>G''$ となるので弾性が支配的であり，$\tan\delta>1$ であれば $G'<G''$ となるので粘性が支配的である．

11・4 ワンポイントメリット

ひも状ミセルは，その3次元的な絡み合いから高い粘弾性を示すので，レオロジーによる解析が重要となる．動的粘弾性の例として，ひも状ミセルを測定した結果を**図 11-5** に示す．図 11-5（a）には，貯蔵弾性率 G' および損失弾

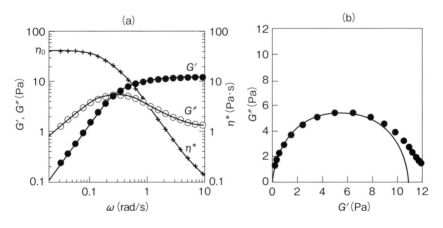

図 11-5　ひも状ミセル系における（a）G'，G'' および η^* の角周波数依存性および（b）Cole-Cole プロット

性率 G'' に加えて複素粘性率 η^* の角周波数 (ω) 依存性についても併せて示している．図より低周波数領域では粘性支配（$G' < G''$），高周波数領域では弾性支配（$G' > G''$）であり，G' が高周波数側でプラトー領域を有し，G'' が極大値を有する典型的な Maxwell 型（粘性要素と弾性要素が直列のモデル）の挙動を示していることがわかる．一般にひも状ミセルでは Maxwell モデルに類似の挙動を示すことが知られている．また，η^* 曲線において周波数をゼロに外挿したときの値からゼロシアー粘度 η_0 を求めることができる．同図 (b) は縦軸に G''，横軸に G' をとった Cole–Cole プロットを示す．Maxwell モデルの場合，その Cole–Cole プロットは半円を描くことが知られている．同図 (b) においては高周波数領域において理論曲線から外れるが，全体としてほぼ半円状の曲線となっていることが分かる（ひも状ミセル系では一般的に高周波数領域でずれやすい）．

参 考 文 献

[1] 上田隆宣, 測定から読み解く レオロジーの基礎知識, 日刊工業新聞社 (2012)

12 ミセル,マイクロエマルションの小角X線散乱(SAXS)測定

　界面活性剤が形成する分子集合体は,種々条件(温度,濃度など)により溶液中において様々な分子集合体を形成する.この分子集合体の構造特定には,表面張力や顕微鏡観察など種々の方法により決定されてきた.しかしながら,溶液中での直接的な状態解析は困難である.

　一方,X線散乱,とくに小角X線散乱は,分子集合体が有する数nmから数百nmといった,いわゆる"コロイド"領域の大きさをもつ粒子の電子密度揺らぎについて,散乱強度分布からその構造特性を捉えることが可能となる.つまり,分子集合体が有する数nm〜数十nm(装置によっては数百nmまで)の構造特性を捉えることができることから,ミセル,ベシクル,マイクロエマルションなど分子集合体の内部構造解析に非常に有用な手法であり,近年,多岐にわたる分野で応用展開が進んでいる.

　そこで,小角X線散乱法(Small Angle X-ray Scattering ; SAXS)による分子集合体の構造解析について解説する.

　SAXSにより直接的に得られる情報は散乱強度の角度依存性 $I(\theta)$ であり,このとき全散乱角 θ は試料により散乱したX線の散乱角度である.ただ,$I(\theta)$ を物理的に根拠のある尺度を用いて記述するために,波長 λ を用いて以下の式で表される散乱ベクトルの大きさ q を用いる.

$$q = \frac{4\pi}{\lambda} sin\left(\frac{\theta}{2}\right)$$

　　λ:X線波長

　具体的には,散乱ベクトル q を入射波の波数ベクトル S_0 と散乱波の波数ベクトル S の差を q として定義する(図12-1).

　12で対象となるミセル,ベシクル,マイクロエマルションなどの分子集合体

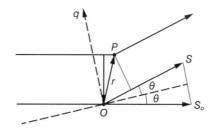

図 12-1　試料中の 2 点における散乱の模式図

では，一般的に散乱強度 $I(q)$ を形状因子 $P(q)$ と構造因子 $S(q)$ の積とし，以下の式で表される．

$I(q) = nP(q)S(q)$

　　　n：粒子の数密度，$P(q)$：形状因子，$S(q)$：構造因子

　$P(q)$ は粒子単体の構造情報，構造因子 $S(q)$ は粒子間の干渉性散乱の効果である．

　ただ，従来法で構造解析を行う場合，体積分率，粒子半径，電荷などに予測値を用い，構造因子 $S(q)$ をあらかじめ計算，形状因子 $P(q)$ に対してコアシェル BOX タイプの電子密度プロファイルを仮定することで，測定データに対し最小自乗フィッティングを行う方法であった．近年，従来法と一線を画す，GIFT（Generalized Indirect Fourier Transformation）法が Graz 大学の Otto Glatter によって開発された．本解析法は小角散乱法の先端的な分析法で，1970 年代後半に考案された画期的な逆フーリエ変換法（Indirect Fourier Transformation：IFT）の発展型であり，より一般化された逆フーリエ変換法と言える．$S(q)$ に対して適切な相互作用ポテンシャルモデルを選択する必要があるが，$P(q)$ は事実上モデルフリーであり，標準誤差曲面の Global Minimum サーチによって，二体間距離分布関数 $p(r)$ の最適化と数千もの異なる $S(q)$ による重み付き最小自乗フィットを試行し，実験で得た散乱曲線 $I(q)$ から，$p(r)$ と $S(q)$ が同時に決定することができる．以上より，ミセル，ベシクル，マイクロエマルションなどの分子集合体の構造解析に非常に有用な手法

であり,分子集合体の大きさ,形状,その分布,表面状態などに関する情報が得られる.

12・1 この測定で何がわかるか？

(1) ミセル溶液：ミセル粒子の大きさ,形状,粒子間距離（分布）
(2) マイクロエマルション溶液：マイクロエマルション粒子の大きさ,形状,内層状態
(3) ベシクル溶液：ベシクル内部の二分子膜の厚さ,水層の厚さ,膜の柔軟性

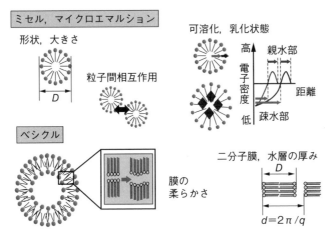

図 12-2 GIFT methods から得られる分子集合体の内部構造情報

12・2 測定のキーポイント

ミセル,ベシクル,マイクロエマルションなどの分子集合体の溶液散乱測定をする場合,近年,多岐にわたる分野においてラボレベルで用いることが測定可能である高感度小角 X 線散乱装置がある（**図 12-3**）.本装置は,X 線チューブから入射した X 線を Göbel ミラーによって集光させ,ブロックコリメー

図 12-3　SAXSpace（写真提供：アントンパール・ジャパン）

タによりビームの太さを整えることで CuKα 線以外の波長が取り除かれた単一波長光とすることで，より感度の高い測定が可能となる．さらに，検出器から読み取った試料透過後の入射ビームの強度を規格化することで透過率の補正を散乱測定と同時に行うことができる．この補正を行うことで，標準試料を用いて試料の散乱を装置によらない物質固有の散乱強度である絶対強度に換算することができ，より明確な溶液中での分子集合体の構造解析が可能となる．

12・3　データの正しい読み解き方

　上記通り，ミセル，ベシクル，マイクロエマルションなどの直接的な溶液構造解析が可能である．この時，構造因子 $S(q)$ に関して各種サンプルの存在状態（イオン性 or 非イオン性，単分散 or 多分散など）により最適な解析法が異なることを留意する必要がある．

12・4　測定する場合の注意点

　SAXS 測定に際し，石英ガラス管キャピラリがよく用いられるが，ラボレベルの X 線を利用する場合，大気原子による散乱を防ぐ目的で測定中の装置内は 1mbar 以下の真空に保つ必要がある．また，キャピラリなどの汚れもデータ精度に大きく影響するため，綿密なサンプルの調製や充填にも注意すべきである．

12・5　ワンポイントメリット

　これまで分子集合体の構造特定には，表面張力や顕微鏡観察など種々の方法により決定されてきた．しかしながら，溶液中での直接的な状態解析は困難であった．今回解説した SAXS は，物質特有の電子密度揺らぎを測定することで，分子集合体が有する数 nm～数百 nm といったコロイド次元の大きさをもつ粒子を捉え，かつ，最新の解析技術である GIFT 法により，測定で得られた散乱曲線 $I(q)$ から，$p(r)$ と $S(q)$ を同時に決定可能であり，とくにミセル，ベシクル，マイクロエマルションなど分子集合体の構造解析に非常に有用な手法であると考えられる．今後，界面活性剤を利用する分野での本技術活用による，大きなブレイクスルーを期待する．

参 考 文 献

[1] "Neutrons, X-rays and Light：Scattering Methods Applied to Soft Condensed Matter", Eds. by P. Lindner, Th. Zemb, *North-Holland*, Elsevier, (2002).
[2] "Small Angle X-ray Scattering", Eds. by O. Glatter, O. Kratky, *Academic Press*, London, (1982).
[3] 佐藤高彰, *色材協会誌*, **82**, 561 (2009).

13 ミセル，ベシクル，液晶のフリーズフラクチャー電子顕微鏡(FF-TEM)観察

界面活性剤は水中または油中で自己組織化し，球状ミセル，棒状ミセル，ベシクル，ヘキサゴナル液晶，キュービック液晶，ラメラ液晶など様々な分子集合体を形成する．界面活性剤が発現する機能の多くは，これら分子集合体形成と密接に関係しているため，ある条件において界面活性剤がどのような分子集合体を形成しているのかを評価することが重要である．種々の分光学的測定（小角X線散乱，動的光散乱，静的光散乱など）により分子集合体の種類や形状，サイズを評価することが可能であるが，"観察"することによって視覚化すれば，より信頼性の高い情報を得ることができる．マイクロメートルオーダーあるいはそれ以上のサイズであれば，光学顕微鏡によって直接観察が可能であるが，界面活性剤が形成する分子集合体の多くはコロイド次元のサイズ（10^{-9}–10^{-6} m）であるため電子顕微鏡（図 13-1）による観察が必要となる．電子顕微鏡の筐体（本体）内は，電子線を発生させるため高真空状態に保たれており，光学顕微鏡のように液体の試料をそのまま観察することができない．したがって，電子顕微鏡により液体の試料を観察するためには，何らかの前処理を施す必要がある．

フリーズフラクチャー電子顕微鏡（以下，FF-TEM）は，急速凍結させた試料をガラスナイフにより割断し，その割断面に対して作製した鋳型（レプリカ膜）を電子顕微鏡により観察する手法である．多くのコロイド分散系に適用可能であるが，分子集合体の形状が同じであっても割断のされ方によって見え方が異なるため，像の解釈には注意が必要である．割断面の凹凸がそのまま鋳型に転写されるため，（割断のされ方に依存するが）コロイド粒子の表面形状に関する知見が得られる．ベシクル二分子膜では，外側の単分子膜（外葉）と内側の単分子膜（内葉）が弱い疎水性相互作用で結合しているため，この面で

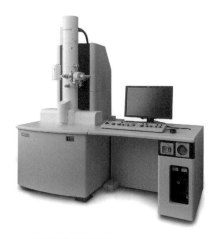

図 13-1 透過型電子顕微鏡 HT7700（オプション付き）
（写真提供：日立ハイテクノロジーズ）

割断される．したがって，二分子膜の内面（疎水鎖の配列）に関する知見が得られる．

13・1 この測定で何がわかるか？

(1) 界面活性剤が形成するほぼすべての分子集合体およびエマルションなどの分散粒子に関して，水系や油系を問わず観察できる（ただし，割断面の形状に関しての知見のみ）
(2) 分子集合体および分散粒子の表面形状に関する知見を得ることができる
(3) ベシクルの二分子膜のゲル（L_β）相，リップルゲル（P_β）相，液晶（L_α）相に対応した特徴的な像が観察されるため，ベシクルの二分子膜の相状態に関する知見が得られる

13・2 測定法の概略とキーポイント

水中に分散した球状粒子を例に FF-TEM の一般的な測定法の概略を**図 13-2** に示す．

13 ミセル，ベシクル，液晶のフリーズフラクチャー電子顕微鏡（FF-TEM）観察

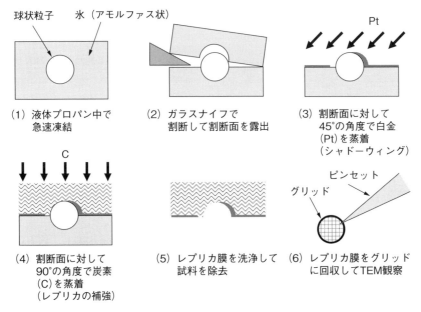

図 13-2　フリーズフラクチャー法の概略図

(1) 試料を液体プロパン（$<-170\,°C$）中にバネの力で突入させることにより急速凍結する．分散媒である水はアモルファス状に凍る．

(2) 凍結状態を保ったまま，低温（$-150\,°C \sim -120\,°C$ 程度），高真空（10^{-5} Pa 程度）下でガラスナイフを用いて割断して割断面を露出する．

(3) 割断面に対して $45°$ の角度から Pt（白金）を蒸着（膜厚：3 nm 程度）する（シャドーウィング）．

(4) 割断面に対して $90°$ の角度から C（炭素）を蒸着（膜厚：10-20 nm 程度）する（レプリカ膜の補強）．

(5) 試料を常温・大気圧に戻し，適切な溶剤（試料が容易に溶解するもの）でレプリカ膜を洗浄して試料を除去する．

(6) レプリカ膜を TEM 観察用のグリッド（Cu メッシュ）に回収して TEM 観察する．

キーポイント①：急速凍結

　水を冷却すると，まず結晶核が形成された後，氷晶が成長して氷となる．氷晶は目的とする分子集合体ではないアーティファクト（人工構造物）であり，TEM 像として観察されてしまう．水を含有する試料の場合，如何にして氷晶の形成を抑えることができるかが非常に重要となる．氷晶の形成は再結晶化点（−143℃）に達すると止まるので，再結晶化点までの凍結速度が充分に速ければ，氷晶は形成せず，電子顕微鏡では構造の認められないアモルファス状氷となる．したがって，FF-TEM や後述する cryo-TEM では試料を"急速に"凍結させる必要がある（理想とされる凍結速度は 10^6 K/s 以上）．

　では，どのようにすればよいだろうか．

　液体窒素は最も汎用な冷却剤であるが急速凍結には不向きである．窒素は液体の温度範囲（融点と沸点の差）が狭いので，室温付近の試料を液体窒素中に入れると，試料表面はすぐに気化して気体の窒素で覆われることになる．その結果，熱伝導性は低くなり，試料を急速に凍結させることができない．

　そこで，急速凍結用の冷却剤としては，液体の温度範囲が広い液体プロパンや液体エタンを用いる．通常は，液体窒素で充分に冷やされた容器にプロパンガス（またはエタンガス）を導入して液化させる．このようにして得られた液体プロパン（または液体エタン）中に，試料をバネの力で突入させることにより急速凍結させる．氷晶が形成されず急速凍結される領域は試料の表面近傍のみであり，試料内部は急速凍結することができない．このため，ガラスナイフによる割断はできるだけ試料表面近傍のみで行うことが望ましい．

キーポイント②：シャドーウィング

　FF-TEM では凍結試料の割断面に対する鋳型を TEM 観察する．一般に TEM は高さ方向の分解能がほとんどないので，単に鋳型（レプリカ膜）を作製しただけではコントラストがほとんどつかない像となってしまう．そこで，電子線を散乱しやすい金属を割断面に対して 45° 程度の角度をつけて蒸着する

(シャドーウィング). 通常は化学的安定性にも優れる Pt を使用することが多い. Pt の蒸着が厚い箇所は電子線が散乱されるため暗い像となり, 薄い箇所は電子線が透過するため明るい像となる. Pt を斜めから蒸着することにより, 割断面の凹凸に応じたコントラストが生まれる.

キーポイント③：レプリカ膜の洗浄

　レプリカ膜表面に試料が残存していると TEM 観察の邪魔になるだけでなく TEM 筐体内を汚してしまうため, レプリカ膜表面に残存している試料は完全に除去する必要がある. 一般にレプリカ膜を洗浄する場合は撹拌や超音波洗浄などは行わない (レプリカ膜が崩壊してしまうため). したがって, 適切な溶剤にレプリカ膜を浮かせた状態で静置して, 試料が自然と溶解・除去されるのを待つしかない. このため試料が"容易に"溶解する溶剤を選択しなければならない. とくに濃厚系や油系の試料, 高分子が含有されている試料, 特殊な界面活性剤 (フッ化炭素系など) を用いた試料などでは, レプリカ膜の洗浄にどの溶剤を用いればよいか, 選択に苦労することがある. なお, 水系で一般的な界面活性剤が用いられている場合では, 最初にアセトン (またはエタノール) で洗浄後, 水で洗浄すればよい.

13・3　データの正しい読み解き方

　FF-TEM では実際の像ではなく, あくまでも割断面の情報しか得られない. このため形状が同じ分子集合体であっても割断のされ方によって異なった像が得られたり, 異なる分子集合体でも似た像が得られる場合がある. 例えば, 水中油型 (O/W) エマルションは油水界面で割断されやすいため, 半球状の像 (割断の仕方によって出っ張った像であったり, へこんだ像であったりする) が得られる. 一方, 一枚膜ベシクルは二分子膜の外葉と内葉の界面で割断されやすいため, O/W エマルションと同様に半球状の像が得られる. また, 多重膜ベシクルにおいて一番外側の二分子膜が割断されてしまうと, それより内側

の二分子膜の情報は得られないため，一枚膜ベシクルと同じ像が得られてしまう．このようにベシクル二分子膜の膜枚数に関しては正確な情報を得ることができない．

ベシクル二分子膜の相状態は温度に依存し，低温状態からゲル（L_β）相，リップルゲル（P_β）相，液晶（L_α）相の3つの相が存在することが知られている．ベシクルは二分子膜の外葉と内葉の界面で割断されるため，疎水基部分が露出する．FF-TEMでは，この露出した疎水基部分の形状を観察することになり，ベシクル二分子膜の相状態に対応した特徴的な像が得られる．L_β相では炭化水素鎖のコンフォメーションはall-transとなり，固体様の秩序性の高い膜を形成する．このため，図13-3（a）のような平滑構造（Plane structure）が観察される．P_β相は二分子膜を構成する両親媒性分子の配列が周期的に変化するため，同図（b）のような帯状構造（Banded structure）が観察される．L_α相では炭化水素鎖のコンフォメーションはtransとgaucheを含み，液体様の秩序性の乱れた膜を形成するため，同図（c）のような乱雑構造（Jumbled structure）が観察される．

図13-4（a）にベシクルのFF-TEM像の例を示す．この像では1μm程度

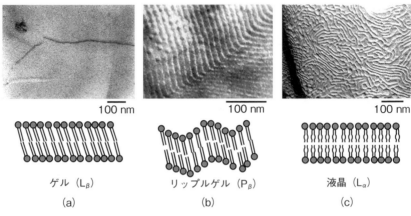

図13-3　ベシクル二分子膜の相状態に対応したFF-TEM像

13 ミセル，ベシクル，液晶のフリーズフラクチャー電子顕微鏡（FF-TEM）観察

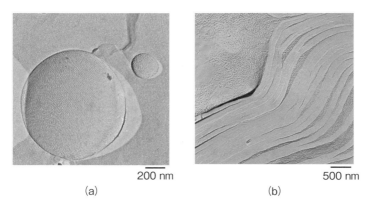

(a) 200 nm (b) 500 nm

図 13-4 ベシクルと平板状ラメラの FF-TEM 像の例

の大きなベシクルと 200 nm 程度の小さなベシクルが観察されている．また，それぞれの割断面の形状に着目すると，P_β 相に起因する帯状構造となっているのが分かる．同図 (b) は平板状ラメラの FF-TEM 像である．二分子膜に対して垂直方向に割断されている．帯状に見える像の幅は 100 nm 程度あるため，積層した二分子膜が束になっているものと推察される．

13・4　ワンポイントメリット

　フリーズフラクチャー法とともによく行われる手法としてフリーズエッチング法がある．フリーズフラクチャー法とフリーズエッチング法を併せてフリーズレプリカ法という．フリーズエッチング法では急速凍結させた試料をガラスナイフで割断した後，温度を -100 ℃，圧力を 10^{-4} Pa 程度まで上昇させることにより，割断面の氷を昇華させて，割断面よりも下の構造を露出させる．その後はフリーズフラクチャー法と同様の手順でレプリカ膜を形成させる．フリーズエッチング法を利用することにより高さ方向の構造が強調された像が得られる．

115

参 考 文 献

［1］日本顕微鏡学会電子顕微鏡技術認定委員会（編），電顕入門ガイドブック，ミュージアム図書（2011）
［2］日本表面科学会（編），透過型電子顕微鏡，丸善（2009）
［3］医学・生物学電子顕微鏡技術研究会（編），よくわかる電子顕微鏡技術，朝倉書店（1992）
［4］堀内繁雄，朝倉健太郎，弘津禎彦（共編），電子顕微鏡Q&A 先端材料解析のための手引き，アグネ承風社（1996）

14 ミセル，ベシクルのクライオ電子顕微鏡（cryo-TEM）観察

　界面活性剤が形成する様々な分子集合体の形状に関する知見を得る上で，電子顕微鏡は有力なツールである．13で述べたように，液体の試料をそのまま電子顕微鏡で観察することはできないので，用途に応じた前処理が必要となる．界面活性剤分子は炭素，水素，酸素，窒素などほぼ軽元素で構成されているので電子線が充分に散乱しない．電子顕微鏡のコントラストは主に電子線の散乱によって起こるため，界面活性剤が形成する分子集合体の TEM 像はコントラストの低いものになってしまう．従来より，電子線を散乱しやすい酢酸ウラニルやリンタングステン酸などの染色液を用いて試料の周辺や隙間を染色させたネガティブ染色法が行われてきた．しかし，ネガティブ染色法では，試料の乾燥や染色液の添加が必要となるので，試料の形状変化や崩壊などにより，本来の構造とはまったく異なる像を見る恐れがある．また，FF-TEM では乾燥や染色などは行わないが，あくまでも割断面の情報しか得られず，分子集合体の全体像を見ているわけではない．試料本来のありのままの構造をできるだけ変えることなく観察するためにはどうすればよいだろうか．現在，界面活性剤が形成する分子集合体を直接観察する最も有力な手法としてクライオ電子顕微鏡（以下，cryo-TEM）がある．cryo-TEM では，試料を急速凍結させることにより氷（アモルファス状）中に分子集合体を閉じ込め，凍結状態を保ったまま電子顕微鏡により直接観察する手法である．

14・1　この測定で何がわかるか？

　染色や乾燥をさせることなく，試料本来の構造を直接観察することができる．

14・2　測定法とキーポイント

図 14-1 に cryo–TEM の一般的な測定の概略図を示す．
(1) ロッキングピンセットで支持膜貼付グリッド（マイクログリッドなど，親水化処理を施したもの）を挟み急速凍結装置にセットする．グリッド表面に試料を 1 滴（5 μL 程度）滴下する．
(2) 過剰量の試料を濾紙で吸い取って液膜（＜300 nm）を形成させる．
(3) 液体エタン（＜－170 ℃）中にバネの力で突入させることにより急速凍結させる．
(4) 液体窒素雰囲気下でグリッドをクライオトランスファーにセットし，電子顕微鏡で観察する．

cryo–TEM 観察は複雑な作業工程を経て行われるため，注意点は多々挙げられるが，とくに重要な点は下記の 3 点である．

キーポイント①：試料を如何にして急速凍結させるか

水は凍結速度が遅いと氷晶を形成しアーティファクトとなるので，cryo–TEM においては試料を急速に凍結させる必要がある（詳細については 13・2 を参照）．一般に急速凍結用の冷却剤としては液体プロパンや液体エタンが用

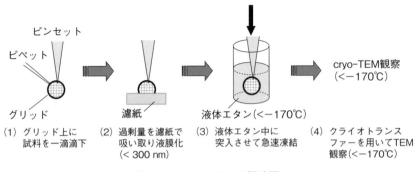

図 14-1　cryo-TEM の概略図

いられるが，cryo-TEM では，これらの溶剤が凍結試料表面に残存すると観察時に邪魔になるので，液体プロパンよりも昇華性の高い液体エタンを用いることが多い．通常は，薄い液膜状にした試料をバネの力で液体エタン中に突入させることにより急速凍結させる．

キーポイント②：最適な厚さまで如何にして試料を薄くするか

　cryo-TEM では，急速凍結した試料を凍結状態のまま電子顕微鏡で直接観察する．このため，試料の厚さを電子線が透過できるまで薄くする必要がある．加速電圧 100 kV クラスの電子顕微鏡の場合，その厚さは 200–300 nm である．一般的な手法は，支持膜の張ってあるグリッド（マイクログリッドなど）を親水化処理し，試料を一滴滴下後，余剰分を濾紙で吸い取ることで薄膜化する．試料が厚すぎると，電子線が透過しない（真っ暗な像しか撮れない），氷晶ができやすい（試料内部の凍結速度は表面よりも遅いため），電子線損傷が激しいなどの問題が生じる．また，厚さが薄すぎると，物理的強度が弱いため電子線により壊れやすく，また目的の構造物がアモルファス状氷中に保持されないなどの問題が生じる．したがって，試料の厚さを最適な厚さに制御することは，cryo-TEM の成否を左右する最も重要な点と言える．

　濾紙による吸い取りの速度は試料によって異なるため，試料毎に薄膜化にかかる時間や吸い取り方を工夫しなければならない．また液膜の厚さをその場で測定しながら行うことができない．このため手作業で行う場合は試行錯誤を繰り返して最適な厚さに調整できるまでの感覚を身につけなければならず，熟練を要する作業となる．最近は全自動で急速凍結まで行ってくれる装置も販売されている．

キーポイント③：観察時における電子線損傷を如何にして軽減するか

　界面活性剤のような有機化合物は固体粒子などとは異なり，電子線に対して極めて弱く電子線損傷が著しく重篤である．このため，電子線照射量を極端に

低く設定し,可能な限り短時間で観察する.実際に蛍光板上でもほんのわずかに明るく見える程度である.通常は電子顕微鏡に取り付けられた高分解能CCDカメラにて撮影を行う.また,装置によって多少異なるが,電子線損傷軽減モードなどが備わっている場合が多いので利用するとよい.また,処女領域への電子線照射を軽減させるため,スポットサイズを小さくして観察するなど工夫する.cryo-TEMは無染色で行うため散乱コントラストはほとんどない.そこで,焦点をジャストフォーカスからアンダーフォーカスにずらし位相コントラストで観察を行う.

14・3 測定する場合の注意点

cryo-TEMは液体中に存在する分子集合体を直接観察できるなど,大変有力な手法であるが,特殊な作業工程を経るため,すべての試料に対して適用できるわけではない.ここではcryo-TEMに不向きな試料や困難な試料について紹介する.

(1) 有機溶媒系(例えば,逆ミセル,逆ベシクル,油中水(W/O)型エマルションなど)

水系と比較して電子線損傷が重篤であるため,一部報告例があるものの基本的に不可能と考えた方がよい(特にアルカン).

(2) 大きな分子集合体を含む系

cryo-TEMでは電子線が透過可能な厚さまで薄くした試料を急速凍結し,それにより得られたアモルファス状氷中に包埋された分子集合体を観察する.したがって,薄膜化した試料の厚さよりも大きな分子集合体の観察には向かない.例えば,加速電圧100kVで観察する場合,試料の厚さは200-300 nm程度である.それよりも大きな分子集合体は薄膜試料中に保持されないか,薄膜化に伴う応力によって変形している可能性がある.仮に300 nmよりも大きな分子集合体が観察されたとしても,その形状やサイズが実際とは異なっている可能性があるため,正しく評価することができない.

(3) 濃厚系

濃厚な試料では像が重なって見えてしまうため不向きである．また，希薄系と比較して電子線損傷も大きい．

(4) 粘性の高い試料

粘性の高い試料は不可能ではないが，濾紙によって過剰量の試料を充分に取り除けないことが多く薄膜化が困難である．

(3) の濃厚な試料や (4) の粘性が高い試料は，希釈により会合形態が変化しないようであれば，希釈して行う方がよい結果が得られる．

14・4 データの正しい読み解き方

cryo-TEM は氷晶ができるだけ形成していない領域で撮影する必要がある．氷晶は凍結速度が遅い領域で形成されるアーティファクトである．図 14-2 (a) の cryo-TEM 像では一枚膜ベシクル（リング状の像）の他にコントラストの高い球形粒子（図中の矢印）が観察されているが，これは氷晶によるものである．小さな油滴や高分子が凝集したグロビュール状態などでは氷晶との区別が難しい場合がある．

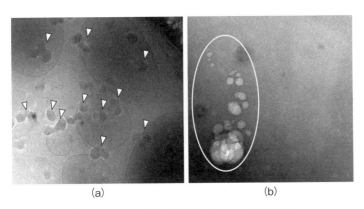

図 14-2 (a) 氷晶が形成した cryo-TEM 像と
(b) 電子線損傷された cryo-TEM 像

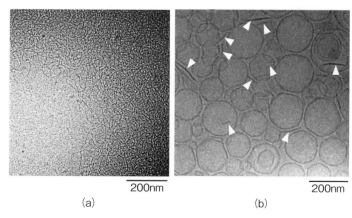

図 14-3 (a) ひも状ミセルの cryo-TEM 像と
(b) ベシクルの cryo-TEM 像

　同図 (b) で見られる白い斑点状の模様は，電子線によって膜に孔が空いたためである（電子線損傷）．電子線損傷に起因する孔は，電子線照射を続けると拡大していく様子が見て取れるので直ぐに判別することができる．このような場合は電子線照射量をさらに小さくして観察するか，電子線損傷が生じないように短時間で観察する必要がある．

　次に，ひも状ミセルとベシクルの代表的な cryo-TEM 像を図 14-3 (a) および (b) にそれぞれ示す．(a) では短軸方向のサイズが 4-5 nm，長軸方向のサイズがマイクロメートルオーダーにもおよぶひも状ミセルがお互いに絡み合って 3 次元ネットワークを形成している様子が見て取れる．(b) ではリング状に見える多数のベシクルに加えて，線状の像（図中の矢印）がいくつか観察されている．線状の像は棒状ミセルのように見えるが，そうではない．もしも棒状ミセルであれば，コントラストはずっと小さく，また線の太さはさらに小さいはずである（線の太さを (a) のひも状ミセルの像と比較してもらいたい）．

　では，(b) の線状に見える像は何であろうか．これは分散している平板ラメラを横から観察している像と考えられる．平板ラメラを上から観察してもコ

ントラストがほとんどつかない((b)ではその存在が分からないほどコントラストが弱い)が,横から観察するとはっきりと線状のコントラストがつく.このような平板ラメラに起因する線状の像はベシクル分散系においてしばしば観察される.

14・5 ワンポイントメリット

　cryo-TEM は染色処理をせず,急速凍結された試料に直接電子線を照射して観察するので,電子線損傷が激しく,また,像のコントラストも非常に小さい.このため目的とする cryo-TEM 像がなかなか得られないことも多い.そこで,最近では完全な無染色での cryo-TEM ではなく,染色液(リンタングステン酸や酢酸ウラニルなど)を極少量だけ試料に添加させることで,コントラストを向上させたクライオネガティブ染色も行われている.染色液添加の影響については充分に注意を払う必要があるが,像のコントラストが改善されるので,cryo-TEM 像がどうしても撮れない場合は試してみてもよい.

参 考 文 献

［1］日本顕微鏡学会電子顕微鏡技術認定委員会（編），電顕入門ガイドブック，ミュージアム図書（2011）
［2］日本表面科学会（編），透過型電子顕微鏡，丸善（2009）
［3］医学・生物学電子顕微鏡技術研究会（編），よくわかる電子顕微鏡技術，朝倉書店（1992）
［4］堀内繁雄，朝倉健太郎，弘津禎彦（共編），電子顕微鏡Q&A 先端材料解析のための手引き，アグネ承風社（1996）

15 ミセル，マイクロエマルションの ζ電位の測定

　電解質水溶液中で，帯電している固体状あるいは液体状の微粒子の分散性を評価する際，ゼータ電位を測定して評価する場合が多い．ゼータ電位の値の大小によりコロイド次元分散系の分散性を評価するが，この値は対象とする粒子の大きさをまったく考慮していないので，適切であるとは言えない．つまり，大きい粒子のゼータと小さい粒子のゼータ電位の値が同じ値を示す場合があるので，ゼータ電位だけでは評価できないことになる．したがって，コロイド次元分散系の分散の度合いをより厳密に評価する場合には，対象とする粒子の表面積で割った表面電荷密度の値（単位面積当たりの電荷量）を用いるべきである．

15・1　この測定で何がわかるか？

　水溶液中で帯電しているコロイド分散系の分散状態が評価できる．ただし，粒子の立体的に絡み合っている粒子同士や，帯電していない粒子径の分散状態は分からない．また，界面電気二重層が圧縮されるような濃厚系の分散状態も評価することはできない．

15・2　ゼータ電位の測定

　種々の装置が市販されており，実際の操作方法に関しては付属されているマニュアルを参考にしていただきたい．ここでは，東京理科大学理工学部で実際に使っている測定器（図 15-1）で概説する．Nicomp ゼータ電位測定装置の特徴は，低電場での測定が可能，ジュール熱（ランダム運動）の影響を低減，短時間測定，高い再現性と信頼性，非水系溶媒の測定も可能であり，また高塩濃度サンプルの測定に不可欠な分極補正機能を有している．

図 15-1　ゼータ電位測定器 Nicomp Nano 3000 ZLS
（写真提供：ピーエスエスジャパン）

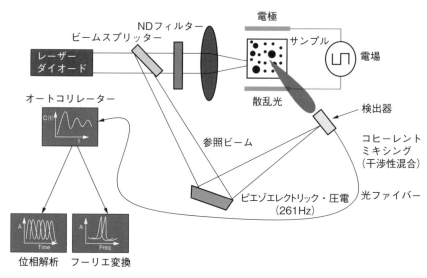

図 15-2　Nicomp ゼータ電位測定原理

Nicompゼータ電位測定原理を図15-2に示しておく．また，図15-3に電極セルを示す．

Nicomp dip cell

図15-3　電極セル

(1) 図15-3の左側のセルにサンプルを入れる．
(2) 電極を差し入れると図右のようになる．
(3) コンピュータ上に現れるデータ作成シートで，位相解析（PALS）モードを選択する．
(4) 電場の設定する（通常は5 V/cmでよいが，もっと小さい2 V/cmにしてみる）．
(5) 溶媒の粘度（水の場合は，0.8902（25℃以下）），溶媒の屈折率（水の場合は，1.33287（25以下））．

たったこれだけである．あとは自動でデータが出てくる仕組みである．

15・3　測定する場合の注意点

ゼータ電位の測定原理は電気泳動光散乱（ELS）であり，周波数解析法と位相解析法の2つの解析モードを有している．ただし，周波数解析法（電場をかける前の周波数スペクトラムと電場をかけているときの周波数スペクトラム

との周波数シフトからモビリティ，ゼータ電位を求める方法）には限界がある．つまり，粒子の移動速度が遅くなると，周波数シフトが少なくなる．問題としては，ジュール熱とその結果生じる対流の発生を避けるために，電場を低く抑えたいので，特に中/高塩濃度サンプルではよい結果が得られない．さらに，低電場の場合には粒子の移動速度が遅くなるためにS/N比が悪くなる．例えば，有機溶媒では，誘電率が水（80）よりもはるかに小さくなるので，電気泳動移動度は高電場でも粒子の移動速度が遅くなり非常に小さいものになる．

そこで，位相解析（PALS）法が重要となる．つまり，位相解析法は，電場を加えることにより起こる電気泳動によって，粒子が元の位置から移動させられたことによるレーザー散乱光（ドプラー）位相の変動を検出する方法である．この方法は，微小粒子の測定でもブラウン運動の影響を受けにくく，高い精度の測定が可能となる．

15・4 界面電気現象の基礎
(1) 界面電気二重層

コロイド溶液中では，分散相の活発なブラウン運動によって頻繁な衝突が起こっているにも関わらず，凝集はなかなか起こらずに長時間静置しておいても分離は認められない．一般に，物質が小さくなって微粒子の大きさになると，様々な原因により電気を帯びるようになることが知られている．コロイド粒子が電荷を帯びるのは，液中からプラスまたはマイナスのイオンを吸着するか，コロイド粒子自身が電離するか，分散媒と分散相の誘電率（Dielectric Constant）が異なるとき，誘電率の大きい方がプラスに，小さい方がマイナスの帯電する．しかし，系全体としては電気的に中性に保たれているはずであるから，粒子の表面付近では電荷は不均一な広がりを持っていることになる．これを界面電気二重層（Interfacial Electrical Double Layer）という．それに基づく電位差を二重層電位（Double Layer Potential）といい，固体表面と液中の両方に存在していて，両者間の移動できるイオンの濃度によって決定され

る.このようなイオンを電位決定イオン(Potential Determining Ion)という.例えば,カルボキシル基の解離で固体表面が帯電する場合は水素イオンが電位決定イオンになる.このように,固/液界面の電気的性質は,二重層電位によって支配される.

電気二重層の概念は,1879年にヘルムホルツ(Helmholtz)によって導入された.図15-4に,固体表面が平面で,かつプラスの電荷を持つときのヘルムホルツモデルとそれに基づく電位変化を示す.

このモデルによると,電気二重層は一種の平行平板コンデンサであると考えら

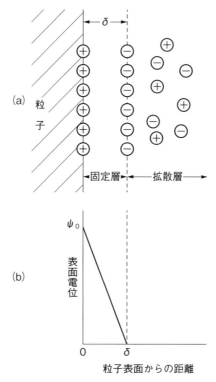

図 15-4 ヘルムホルツの電気二重層モデルと電位変化

れるので，固体表面上の電荷密度（単位面積当たりの電気量）を σ，正負電荷間の距離を ζ，真空の誘電率を ε_0，固体表面の電位を ϕ_0 とすると，式 15-1 が成り立つ．

$$\sigma = \frac{\varepsilon_r \varepsilon_0 \phi_0}{\zeta} \qquad (式 15\text{-}1)$$

電位は，固体表面から電気二重層中を直線的に低下して溶液中ではゼロとなる．一方，溶液中のイオンは絶えず熱運動をしているので，固体表面付近に引き寄せられたマイナスイオンは固体表面上のプラスの電荷から電気的引力を受けると同時に熱運動によって溶液中に均一に分布しようとする傾向をもつ．したがって，二重層中のイオン分布は電気的引力と熱運動の釣り合いによって決まる拡散的なものとなる．このような拡散的構造をもった電気二重層モデルはグーイ（Gouy）とチャプマン（Chapman）によって独立に提唱された．図 15-5 に，Gouy–Chapman の拡散電気二重層モデルと電位変化を示す．

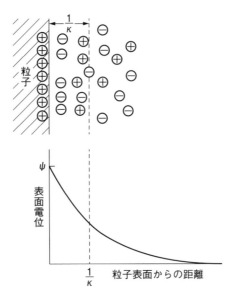

図 15-5　グーイ・チャップマンの拡散電気二重層モデルと電位変化

粒子の表面電荷とは反対のイオン，すなわち対（たい）イオンは溶液中に広く分布していて，固定層の表面からの距離はまちまちであるが，その平均的な距離は $\frac{1}{\kappa}$ の位置にあり，κ は次式で与えられる．

$$\kappa = \frac{(8\pi F^2)^{\frac{1}{2}}}{(1000\varepsilon RT)^{\frac{1}{2}}(J)^{\frac{1}{2}}} \quad \text{（式 15-2）}$$

ここで，F はファラデー定数，ε は溶液の誘電率，R は気体定数，T は絶対温度，J はイオン強度である．また，イオン強度は次式で求められる．

$$J = \frac{\Sigma C_i Z_i^2}{2} \quad \text{（式 15-3）}$$

Ci と Zi は i 種イオン（溶液中のすべてのイオンの種類）の濃度とイオン価数である．式 15-3 から分かるように，コロイド溶液中に電解質を加えてイオン強度を大きくすると，拡散二重層の厚さ $\left(\frac{1}{\kappa}\right)$ は小さくなっていくことが分かる．またここで注意すべきことは，もし溶液中のイオンの価数がすべて同じ場合には，電気二重層の厚さはすべて同じになり，イオンの種類による違いが現れないことになるが，実際の電気二重層はイオンの性質によってかなり左右される．こうした点を補うためにステルン（Stern）は，別の電気二重層モデルを示した（**図 15-6**）．

それによると，溶液側は固定層と拡散層の 2 つの部分に分かれており，溶液中の反対イオンの一部は粒子表面に吸着し（固定層），残りの反対イオンは溶液中にある厚みをもって拡がっている（拡散層）．したがって，表面電位の変化は固定層部分では直線的に（比例的に）減少し，拡散層領域では指数関数的に減少していく．このモデルは，前の 2 つのグラフからも分かるように，それらのモデルを合わせた形をしている．固定層と拡散層間の電位は ζ 電位（固体に対する相対運動速度がゼロになる面，すなわちすべり面（Slipping Plane）における電位）と呼ばれ，測定によって求められるが，電気二重層の厚さが極めて薄い場合には，ζ 電位は Ψ（プサイ）電位（表面電位）と一致すると考え

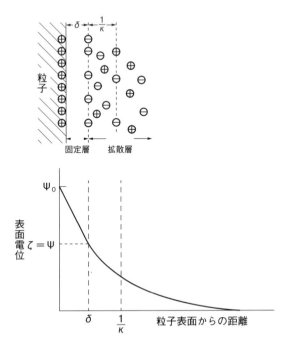

図15-6　ステルンの電気二重層モデルの電位変化

られている．

　ζ電位は，表面電荷密度 σ と電気二重層の厚さ $\left(\dfrac{1}{\kappa}\right)$ と密接に関係し，次式で表される．

$$\zeta = \frac{\sigma}{\varepsilon_r \varepsilon_0 \kappa} \qquad (式15\text{-}4)$$

　すなわち，表面電荷密度が増加すると，あるいは電気二重層の厚さが薄くなるとζ電位は高くなる．

　コロイド溶液のζ電位の大小で，分散安定性をある程度議論することができるが，より厳密に議論する場合にはDLVO理論が用いられる．

(2) 表面電位，ζ電位，表面電荷密度の関係

表面電位，ζ電位，表面電荷密度の関係を下記に解説する．

図 15-7 に示す様に，電解質溶液と接している帯電した固体表面を考える．この図において横軸の x は，固体表面から測った電解質溶液内の位置を表す．溶液中の電位分布（単位は V）を $\Psi(x)$ とし，電位の原点 0 V は溶液のバルク側（$x=\infty$）に取る．固体内の電位は一定とする．

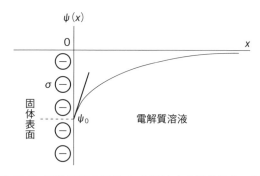

図 15-7　固体表面の電位 ψ_0 と溶液中の電位分布 $\psi(x)$

$x=0$ における電位の傾き $\dfrac{d\psi}{dx}$ としては，x の正側から近づいたとき得られる右側極限値 $\left.\dfrac{d\psi}{dx}\right|_{x=+0}$ は正（太線で示した接線）であり，左側極限値 $\left.\dfrac{d\psi}{dx}\right|_{x=-0}$ は 0 となり両者は一致しない．我々は以後，右側極限値を採用することにする．固体表面の電位を Ψ_0(V)，表面電荷密度を σ(C/m^2) とする．ただし，電解質はイオン価 ν の対称型とする．

$$\left.\frac{d\psi}{dx}\right|_{x=+0} = -\frac{\sigma}{\varepsilon_r \varepsilon_0} \qquad (\text{式 15-5})$$

$$\frac{d^2\psi}{dx^2} = -\frac{\nu e n}{\varepsilon_r \varepsilon_0}\left[e^{-\frac{\iota e \psi(x)}{kT}} - e^{\frac{\nu e \psi(x)}{kT}}\right] \qquad (\text{式 15-6})$$

計算の手順としては，まず式 15-6 から $\dfrac{d\psi}{dx}$ を求める．

次に，それを式 15-5 と連立させて，ψ_0 と σ の関係を求める．

式 15-6 の両辺に $\dfrac{d\psi}{dx}$ をかけると，次式となる．

$$\frac{d\psi}{dx}\frac{d^2\psi}{dx^2} = -\frac{\nu e n}{\varepsilon_r \varepsilon_0}\left[e^{\frac{-\nu e\psi(x)}{kT}} - e^{\frac{\nu e\psi(x)}{kT}}\right]\frac{d\psi}{dx} \qquad (\text{式 15-7})$$

左辺は，次のように変形できる．

$$\frac{d\psi}{dx}\frac{d^2\psi}{dx^2} = \frac{1}{2}\frac{d}{dx}\left(\frac{d\psi}{dx}\right)^2 \qquad (\text{式 15-8})$$

ちなみに，式 15-8 の右辺を計算すると，$\dfrac{1}{2}\dfrac{d}{dx}\left(\dfrac{d\psi}{dx}\right)^2 = \dfrac{1}{2}2\dfrac{d\psi}{dx}\dfrac{d^2\psi}{dx^2} = $（左辺）となるので正しい変形であることが分かる．ここで，

$$\frac{d}{dx}e^{-\frac{\nu e\psi(x)}{kT}} = -\frac{\nu e}{kT}e^{\frac{-\nu e\psi(x)}{kT}}\frac{d\psi}{dx},\quad \frac{d}{dx}e^{\frac{\nu e\psi(x)}{kT}} = \frac{\nu e}{kT}e^{\frac{\nu e\psi(x)}{kT}}\frac{d\psi}{dx}$$

に注意すると，式 15-7 の右辺は次のようになる．

$$-\frac{\nu e n}{\varepsilon_r \varepsilon_0}\left[e^{\frac{-\nu e\psi(x)}{kT}} - e^{\frac{\nu e\psi(x)}{kT}}\right]\frac{d\psi}{dx} = \frac{nkT}{\varepsilon_r \varepsilon_0}\frac{d}{dx}\left[e^{\frac{-\nu e\psi(x)}{kT}} + e^{\frac{\nu e\psi(x)}{kT}}\right] \qquad (\text{式 15-9})$$

式 15-8 と式 15-9 を式 15-7 に代入すると，次式を得る．

$$\frac{1}{2}\frac{d}{dx}\left(\frac{d\psi}{dx}\right)^2 = \frac{nkT}{\varepsilon_r \varepsilon_0}\frac{d}{dx}\left[e^{-\frac{\nu e 0}{kT}} + e^{\frac{\nu e 0}{kT}}\right]$$

この式の両辺に dx を掛ければ，両辺とも積分できる．結局，次式となる．

$$\left(\frac{d\psi}{dx}\right)^2 = \frac{2nkT}{\varepsilon_r \varepsilon_0}\left[e^{-\frac{\nu e\psi(x)}{kT}} + e^{\frac{\nu e\psi(x)}{kT}}\right] + C \qquad (\text{式 15-10})$$

積分定数 C の値を決めるために，両辺を $x=\infty$ とおくことにする．$x=\infty$ は溶液のバルク相を表し，前述してある様に，そこでは $\Psi(x)=0$ である．ま

15 ミセル，マイクロエマルションのζ電位の測定

た $\dfrac{d\psi}{dx}$ も 0 になる．$x=\infty$ において式 15–10 は，$\dfrac{2nkT}{\varepsilon_r\varepsilon_0}\left[e^{-\frac{\nu e_0}{kT}}+e^{\frac{\nu e_0}{kT}}\right]+C=0$ となるから，$C=-\dfrac{4nkT}{\varepsilon_r\varepsilon_0}$ と決定できる．式 15–10 にこの C を戻すと，次式となる．

$$\left(\frac{d\psi}{dx}\right)^2 = \frac{2nkT}{\varepsilon_r\varepsilon_0}\left[e^{-\frac{\nu e\psi(x)}{kT}}+e^{\frac{\nu e\psi(x)}{kT}}\right]-\frac{4nkT^2}{\varepsilon_r\varepsilon_0}$$

$$= \frac{2nkT}{\varepsilon_r\varepsilon_0}\left[e^{-\frac{\nu e\psi(x)}{kT}}+e^{\frac{\nu e\psi(x)}{kT}}\right]^2 \qquad (式\ 15\text{–}11)$$

式 15–11 は任意の x で成り立つので，$x=+0$, $\Psi=\Psi_0$ とおく．

$$\left(\frac{d\psi}{dx}\bigg|_{x=+0}\right)^2 = \frac{2nkT}{\varepsilon_r\varepsilon_0}\left[e^{-\frac{\nu e\psi_0}{kT}}-e^{\frac{\nu e\psi_0}{kT}}\right]^2 \qquad (式\ 15\text{–}12)$$

左辺に式 15–11 を代入し，右辺に，

$$e^{-\frac{\nu e\psi_0}{kT}}-e^{\frac{\nu e\psi_0}{kT}} = 2\sinh\left(\frac{\nu e\psi_0}{2kT}\right)$$

を用いると，

$$\sigma^2 = 8n\varepsilon_r\varepsilon_0 kT\sinh^2\left(\frac{\nu e\psi_0}{2kT}\right) \qquad (式\ 15\text{–}13)$$

を得る．

両辺の平方根を取って，$\sigma<0$ のとき $\Psi_0<0$，$\sigma<0$ のとき $\Psi_0>0$ となるように符号を選ぶと，

$$\sigma = \sqrt{8n\varepsilon_r\varepsilon_0 kTx10^3}\sinh\left(\frac{\nu e\psi_0}{2kT}\right) \qquad (式\ 15\text{–}14)$$

最終式となる．ただし，式 15–14 中の n の単位は m^{-3} であるので，通常の mol/l 単位，つまり M で測った濃度 $C(M)$ を用いる場合には，換算式 m^{-3} ⇔ $10^3 x\ N_A x\ C\ (M)$ より次式となる．

$$\sigma = \sqrt{8CN_A\varepsilon_r\varepsilon_0 kTx10^3}\sinh\left(\frac{\nu e\psi_0}{2kT}\right) \qquad (式\ 15\text{–}15)$$

電解質が1価（$\nu=1$）の場合で，かつ表面電位 Ψ_0 を ζ 電位 ξ_0 とおけば，

$$\sigma = \sqrt{8CN_A\varepsilon_r\varepsilon_0 kTx10^3}\sinh\left(\frac{\nu e\zeta_0}{2kT}\right) \qquad \text{（式 15–16）}$$

となり，通常の ζ 電位測定（界面活性剤の濃度変化による）から，溶液中に分散している分散質（例えばミセル）の表面電荷密度が求められる．

用いた記号の定義と数値は下記の通りである．

e：素電荷，$e = 1.602 \, x \, 10^{-19} C$（クーロン）

ε_r：水の比誘電率，25℃において 78.5（無次元量）

ε_0：真空の誘電率，$8.854 \, x \, 10^{-12} F/m$（ファラッド／メーター）

n：電解質の濃度（SI 単位系では $1/m^3$）

T：絶対温度 K

k：ボルツマン定数，$1.38 \, x \, 10^{-23} J/K$

15・5　実測値に基づく計算

電解質（NaCl）の濃度が 0.086M のドデシル硫酸ナトリウム（アニオン界面活性剤）水溶液/n–オクタン/n–ヘキサノール3成分系マイクロエマルションの 30℃におけるゼータ電位，粒子径を測定した．得られた結果を表 15-1[1]に示す．それぞれの濃度における表面電荷密度を求めてみる．

電解質（アニオン界面活性剤）が1価であるので，式 15–16 に代入すると，次のようになる．

表 15-1　マイクロエマルションの粒子径およびゼータ電位

電解質濃度 (mol/l)	粒子径（直径） (nm)	ゼータ電位 (mV)	表面電荷密度 (C/m²)
0.08	632	−46.7	①
0.086	34.4	−38.5	②
0.086	48.4	−39.7	③
0.086	55.3	−32.1	④
0.086	61.7	−31.0	⑤

①　−0.0349，②　−0.0276，③　−0.0286，④　−0.0224，⑤　−0.0215

15・6　ワンポイントメリット

　簡単に表面電荷密度を求める方法がある．ある点（濃度や温度）における粒子の表面電荷密度を求めるには，まず動的光散乱測定によって流体力学的粒子の直径を求めて粒子の表面積を計算する．その表面積の値で測定したζ電位の値を割ることにより，単位面積当たりの表面電荷密度（σ）を求めることができる．

$$\sigma = \frac{S}{4\pi r^2} \quad (式 15\text{--}17)$$

なお，S は対象としている球状粒子のゼータ電位，r はその半径である．

参 考 文 献

［1］桃沢信幸，西山勝廣，阿部正彦，郡司天博，微積分学の基礎と自然科学への応用，エース出版，(2005) P 120.

16 液晶・固体ナノ粒子の小角X線散乱測定

　界面活性剤などに代表される両親媒性分子は，溶液中において様々な分子集合体を形成する．この分子集合体の構造は，種々の方法により決定される．例えば，Cryo-TEM観察では構造を直接観察することができるが，液体状態での直接観察は困難である．また，これらの分子集合体を鋳型として調製されるメソポーラス材料についても，通常は，低角におけるX線回折測定が細孔構造決定に重要な役割を果たす．しかし近年では，応用範囲の拡張に伴う，細孔径の増大化などについての検討も増え，低角領域におけるX線回折測定では細孔構造決定に寄与する情報を得ることは難しくなっている．

　一方，研究対象となるナノ粒子の形状は真球状だけでなく，高いアスペクト比を有する粒子など対象となる粒子は多岐に渡る．一般的に，粒子径および粒子径分布は動的光散乱法により求められるが，得られる情報は流体力学的半径であり，高いアスペクト比を有する粒子の場合，その粒子形状および内部構造などが反映された情報を得ることは不可能である．

　このような背景の中，上述した問題点を解決する手法として，小角X線散乱法が有効となる．小角X線散乱法は，1〜100nm程度の空間スケールにおける構造決定に重要な役割を果たす構造学研究の分野でよく確立された手法である．

16・1　この測定で何がわかるか？

(1) 規則的な階層構造を有するリオトロピック液晶などの空間群および面間隔を求めることができる．
(2) X線回折測定では規定できない，細孔径が大きな多孔質材料の細孔構造を求めることができる．

(3) ナノ粒子の形状などの構造を求めることができる.

16・2 測定のキーポイント

小角 X 線散乱法を使用した界面活性剤の分析例の代表的なものとして,リオトロピック液晶へ適用した系がよく知られている.例として,図 16-1 に測定装置,図 16-2 にリオトロピック液晶が形成する多様な構造体を示す.縦軸は X 線散乱強度 $I(q)$,横軸は散乱ベクトルの大きさ q で与えられる.界面活性剤は溶媒中において規則的な構造を有するリオトロピック液晶を形成するが,その規則的な構造に起因する干渉性散乱がピークとして観測される.これはメソポーラス材料などのリオトロピック液晶を鋳型として調製される無機材料についても同様であり,規則的な細孔構造を有する場合には,その規則的な構造に起因した鋭いピークが観測される.

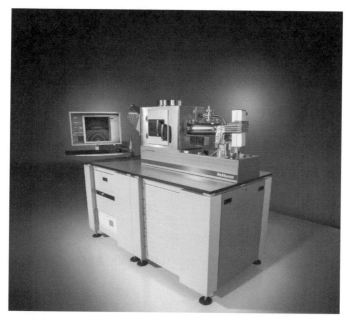

図 16-1　SAXSpoint（写真提供：アントンパール・ジャパン）

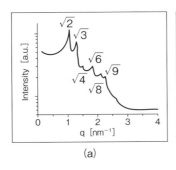
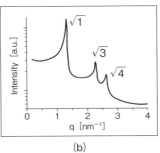

図 16-2 リオトロピック液晶が形成する多様な構造体(a:キュービック液晶、b:ヘキサゴナル液晶)

一方,ナノ粒子の場合も同様に $I(q)$ と q の関係で得られる.この関係を逆フーリエ変換法(Indirect Fourier Transformation:IFT 法)を用いて,二体間距離分布関数 $p(r)$ と距離 r の関係に変換することで簡便な解析が可能となる.図 16-3 に高いアスペクト比を有する粒子の $p(r)$ と r の関係を示す.この $p(r)$ と r の関係には,粒子のサイズおよび形状に関する重要な情報が含まれ,その構造を直接的に理解することが可能である.

16・3 データの正しい読み解き方

上述した通り,リオトロピック液晶などの規則的な構造に由来するピークが観測されるが,ピークが存在する q の値の比から,液晶相の空間群を決定することができる.この時,ヘキサゴナル液晶とキュービック液晶などのように散乱強度比が違う場合もあるので,留意して解析を行う必要がある.一方,q の値からは,下記の式に示す Bragg の関係式を用いて,液晶の面間隔を求めることが可能となる.

$$d = \frac{2\pi}{q}$$

これらの空間群と面間隔から,液晶相が決定される.なお,メソポーラス材料などのリオトロピック液晶などを鋳型として調製される多孔質材料の細孔構

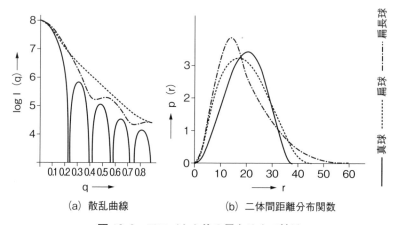

図 16-3　アスペクト比の異なるナノ粒子

造決定についても，リオトロピック液晶と同様に空間群と面間隔を決定することができる．

　ナノ粒子の場合には，横軸の r が重要となる．この数値には，粒子のサイズに関する情報が含まれている．図 16-3 に示す高いアスペクト比を有する粒子を例にすると，r の最大値が長軸の長さに相当することとなる．一方，短軸については，ピークが最大値を示す r が短軸に相当するわけではないので，注意が必要である．

16・4　ワンポイントメリット

　これまで液晶・固体ナノ粒子の構造特定には，顕微鏡観察や動的光散乱解析など種々の方法により間接的に決定されてきた．ここで解説した SAXS は，物質特有の電子密度ゆらぎを測定することで，分子集合体が有する数 nm から数百 nm といったコロイド次元の大きさをもつ粒子を捉え，これまで困難であった溶液中での直接的な状態解析を可能とする手法として有効である．今後，液晶・固体ナノ粒子を利用する分野での本技術活用による，大きなブレイクスルーを期待する．

参 考 文 献

[1] "Neutrons, X-rays and Light : Scattering Methods Applied to Soft Condensed Matter", Eds. by P. Lindner, Th. Zemb, *North-Holland*, Elsevier, (2002).
[2] "Small Angle X-ray Scattering", Eds. by O. Glatter, O. Kratky, *Academic Press*, London, (1982).
[3] F. Muller, A. Salonen, O. Glatter, *J. Colloid Interface Sci.* **342** (2010) 392.

17 固体微粒子の電子顕微鏡（TEM）観察

　物が"見える"ということはどういうことだろうか．例えば，2個の粒子が近接している場合，装置の性能がよければ2個として判別できるが，性能が十分でなければ1個として見え，正しく見えたことにはならない．どこまで近接した2個を判別できるかを分解能（正確には点分解能）という．レンズを用いた光学顕微鏡の分解能 δ は次式で与えられる．

$$\delta = \frac{0.61\lambda}{NA} \tag{式 17-1}$$

　ここで λ は測定に用いる光の波長，NA はレンズの開口数で，$NA<1$ である．式17-1から分かるように，可視光（$\lambda=380$–700 nm）を光源とする光学顕微鏡で $NA=0.8$ の標準的なレンズを用いた場合，分解能は290 nmである．それ以下のサイズの微粒子を観察しようとする場合には，電子顕微鏡のように波長の短い光を光源とする顕微鏡か，あるいは走査トンネル顕微鏡（STM）や原子間力顕微鏡（AFM）のように，光を使わず物体間に働くトンネル電流や力を検出する顕微鏡を利用することになる．

　電子顕微鏡は，言うまでもなく電子線を光源として微小な物体を観察する装置である．光学顕微鏡との最大の相違は，電子線の波長が可視光よりも短いため分解能が高く，光学顕微鏡では見えない微小な試料を観察できる点にある．電子線の波長は加速電圧の関数として次式で与えられる．なお，100 kV 以上の高電圧で加速された電子の速度は光速に近づき，静止電子に比べ質量の増加が顕著になるため，波長を求める際には相対論による補正が必要になる．

$$\lambda = \frac{h}{\sqrt{2m_0 eE}} \quad \text{（相対論補正なし）} \tag{式 17-2}$$

$$\lambda = \frac{h}{\sqrt{2m_0 eE}} \frac{1}{\sqrt{1 + \dfrac{eE}{2m_0 c^2}}} \quad \text{(相対論補正あり)} \qquad \text{(式 17-3)}$$

ここで，h は Planck 定数（6.626×10^{-34} J s），m_0 は電子の静止質量（9.109×10^{-31} kg），e は電気素量（1.602×10^{-19} C），E は電位（加速電圧），c は光速（2.998×10^8 m）である．

電子顕微鏡は，走査型電子顕微鏡（SEM）と透過型電子顕微鏡（TEM）の2種類に大別されるが，各々で一般に用いられる加速電圧 10 kV および 200 kV における電子線の波長をそれぞれ式 17-2，式 17-3 から求めると，12.3 pm（1 pm＝10^{-12} m）および 2.5 pm となる．原子の直径が約 0.2 nm（＝200 pm）であるから，理想的な性能をもつレンズを使えば加速電圧 200 kV の TEM で原子 1 個を観察できる．

17・1　走査型電子顕微鏡（SEM）

走査型電子顕微鏡（SEM）は，微小試料の形状や表面の凹凸などの 3 次元的な情報を得るために用いられる．SEM の構造模式図を図 17-1 に示す．

SEM では比較的低電圧（＜10 kV）で加速された電子を 2 次元的に走査しながら試料に照射し，試料内部から放出された電子（2 次電子）および試料内部の電子によって後方散乱された電子（反跳電子）を用いて結像する．2 次電子のエネルギーは入射電子のエネルギーに関係なく数十 eV 以下であり発生深さは 10 nm 程度である．また，2 次電子の放出効率は試料の傾斜角度に依存し，傾斜角が大きいほど放出効率も大きい．したがって，試料表面の凹凸によるコントラストが得られる．一方，後方散乱電子のエネルギーと放出領域は入射電子のエネルギーに依存し，加速電圧が高いほどより深い領域の組成に関する情報を含む．

SEM による試料観察の一般的な方法としては，まず試料台に導電性テープ（カーボンテープ）を貼り付け，その上に試料を担持する．

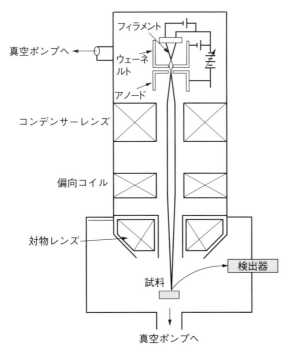

図 17-1　SEM の構造模式図

　次に，試料台ごと蒸着装置に入れ，Pt（白金）を蒸着して観察する．重元素である Pt の蒸着によって反跳電子や 2 次電子の放出量が増え，コントラストの高い像が得られる．しかし，もちろん，試料中の元素組成や分布を SEM に付属するエネルギー分散型 X 線分析（EDX）によって行う場合には，Pt 蒸着なしで観察しなければならない．

17・2　透過型電子顕微鏡（TEM）

　TEM では高電圧で加速された電子を試料に照射し，試料を透過した電子線および試料によって散乱された電子の一部を用いて結像する．TEM は光源からの電子の取り出しと加速を行うための照射系，像を拡大しコントラストをつ

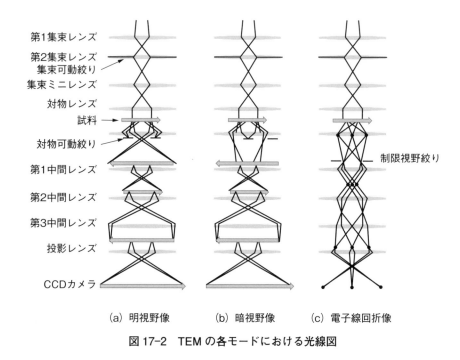

(a) 明視野像　　(b) 暗視野像　　(c) 電子線回折像

図17-2　TEMの各モードにおける光線図

けるための結像系，および像の記録のためのカメラ室の3領域から構成される．照射系と結像系は各々複数の電磁レンズを含み，結像系レンズに印加する電流値を調節することにより，像の拡大倍率を決定している．

　TEMにはいくつかの観察モードがある．それぞれの光線図を**図17-2**に示す．

(1)　明視野像

　最も一般的な観察モードであり，試料のサイズおよび外形に関する情報が得られる．電子線を試料に入射すると，試料の原子番号Zに比例した割合で入射電子線は散乱される．このうち，散乱角の大きい電子は対物絞りによって遮られ，透過電子と小角散乱電子のみが結像に寄与する．重原子ほど電子散乱能が高いため，試料はより黒い影となって見える（散乱コントラスト）．また，

17 固体微粒子の電子顕微鏡（TEM）観察

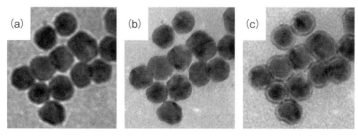

図 17-3 焦点位置による像の見え方の相違
(a) 不足焦点 (b) 正焦点 (c) 過焦点

同じ元素組成であれば，厚い試料ほど電子の透過率が下がるため黒く見える．一方，SEM と異なり試料表面の凹凸に関する情報は少ないが，透過電子波と小角散乱電子波の干渉により，表面状態を反映した弱いコントラストが得られる（回折コントラストまたは位相コントラスト）．

明視野像では，焦点の合わせ方によって異なる写真が得られる．焦点がCCD カメラの受光面よりも上側にあるとき，コントラストは高いが，試料の輪郭に沿って白い縁取りが見られる（不足焦点）．逆に焦点が CCD カメラの受光面よりも下側にあるとき，試料の輪郭に沿って黒い縁取りが見られる（過焦点）．正焦点では試料の輪郭に沿った縁取りはないが，このときコントラストは最小となる（**図 17-3**）．したがって，写真撮影は正焦点か，コントラストを上げるため僅かな不足焦点で行うのが適当である．

焦点合わせの方法は機種によって多少異なるが，モニターを見ながら最初に試料の高さを調整し，その後ワブラー（電流中心合わせ）を併用しながら焦点を合わせるとよい．ワブラーによるモニター上での像の揺れが最小になる位置が正焦点である．

TEM 観察のための試料は 100 nm 以下の厚さに調整する必要があり，材料によって前処理を必要とする．例えば，バルクの金属材料では化学研磨や電解研磨によって周縁部を薄膜化する．試料が粉体の場合には，まず試料を適当な溶媒中で超音波分散させ，懸濁液の一部をパスツールピペットやマイクロピペ

ットで採取する．次に，これらの試料をグリッド（直径 3 mm の網（一般に銅製）に高分子膜（コロジオン，フォルムバールなど）を張り，さらに炭素蒸着をして強度を高めたもの）の上に担持し，十分に乾燥させた後，観察に供する．あらかじめコロジオン膜を張り付けた銅グリッドが市販されている．

軽元素のみからなる試料では，コントラストが低く焦点が合っているか否か判断できない場合もある．その場合には，ネガティブ染色法を活用するとよい．ネガティブ染色法に用いられる試薬には，リンタングステン酸，四酸化オスミウム，酢酸ウラニルなどがある．これらはいずれも重原子を含んでおり，試料に吸着してコントラストを高める．その他，凍結割断法（フリーズフラクチャー）や低温急速凍結法（クライオ）などの手法もある．

(2) 暗視野像

暗視野像は，対物絞りで透過電子を遮蔽し，散乱電子のみを使って結像させる方法であり，電子線回折と併用することも多い．この方法では，明視野像ではコントラストの差が小さい複数の元素を区別したり，ある特定の結晶面が露出している領域を明るく表示させたりすることができる．

(3) 電子線回折像

電子線回折像は，試料の結晶性の有無や単結晶か多結晶か，結晶系の種類および方位の特定に役立つ．測定に際しては，まず制限視野絞りを絞り，測定したい領域を選ぶ．次に，電子線回折モードを選ぶと中間レンズの電流値が変化し，回折図形が表示される．結晶性がなければハローパターンとよばれるブロードなリング，単結晶であれば対称性のある斑点，多結晶であれば Debye–Sherrer 環と呼ばれる同心円が観測される．画像上で中心に位置する透過電子の点から各スポットまでの距離 R と試料-フィルム間の距離（カメラ長）L，格子間隔 d の間には次式が成り立つ．

$$Rd = L\lambda \qquad (式 17\text{-}4)$$

ここで λ は電子線の波長である．多結晶の場合，各々の回折環について R を実測すれば，式17–4から d が求まる．さらに，試料が立方晶系の場合 d と結晶面の Miller 指数（hkl）との間に次の関係が成立する．

$$d = \frac{a}{\sqrt{h^2+k^2+l^2}} \qquad (式 17\text{--}5)$$

また，単結晶の場合，1次独立な2方向について同様にして Miller 指数を決定すれば，両者に垂直な方向がわかる．これが試料面の法線ベクトルに相当する．

17・3　ワンポイントメリット

　直径（または厚さ）が 10 nm 以下の結晶性試料の場合，電子線回折像はブロードとなり有用な情報が得られない．しかし，直接倍率 300,000× 以上の倍率で透過電子と回折電子の干渉による縞模様(格子像)を観察することができ，ここから材料の元素の同定や結晶面の方位の決定ができる（**図 17–4**）．

　EDX による元素分析や最近普及してきた広角度環状暗視野走査透過型電子顕微鏡（HAADF–STEM）については紙面の都合上記載できなかったが，これらも活用されたい．一方，電子顕微鏡は局所分析法であるので，粉末 X 線回折や X 線光電子分光法（XPS）などの広域分析法と併用することも重要である．

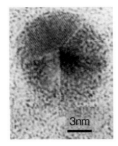

図 17–4　格子像の一例（Ag 微粒子）[1]

参考文献

[1] K. Torigoe, Y. Nakajima, K. Esumi, *Langmuir*, **1993**, 97, 8304.
[2] 日本顕微鏡学会電子顕微鏡技術認定委員会編,電顕入門ガイドブック,ミュージアム図書,2011.

18 固体表面へのガス吸着量の測定

　固体と気体のなす界面は単に表面とも言われ，界面活性剤は固体と液体の界面ほどに活躍しないが，固体と液体の界面で起きる現象を理解する上で重要となる．固体表面の基礎的な物性は，固体と気体（あるいは真空）の界面での測定で得られる．ここでは固体を特徴づける物性の中でも重要な比表面積を得る方法についてよく用いられるガス吸着測定の実際について述べる．

　固体の表面に存在する原子や分子は原子価力や分子間力が不飽和の状態にあるため，内部に存在する原子や分子とは性質が異なり，周囲に存在する気体や液体などを強く引きつける性質を持っている．この現象を吸着と言う．吸着するもの（固体）を吸着媒（Adsorbent），吸着されるもの（気体または溶質）を吸着質（Adsorbate）という．

　気体分子が表面に吸着すると，吸着された場所のポテンシャルエネルギーは減少する．減少した分だけ，その吸着箇所から熱を発生して安定化する．この熱を吸着熱と言い，常に正である．

　気体分子が固体表面に吸着されるときの力には2通りあって，1つは分子間の誘起双極子相互作用，すなわちファンデルワールス（van der Waals）力によるものであり，もう1つは分子が界面で電子の授受に基づくものである．電子の授受によるものを化学吸着と言い，単分子層においてのみ可能である．これは比較的高温で起こるもので，その際の吸着熱は大きく，活性化エネルギーを必要とするために吸着速度は遅い．また，分子間力によって起こる吸着を物理吸着と言い，低温において起こる．この吸着熱は化学吸着に比べてずっと小さく，吸着速度（Adsorption rate）は速く可逆的である．炭素に対する窒素の吸着は物理吸着の例として，炭素に対する酸素の吸着は化学吸着の例として知られている．

吸着量を定量的に扱う式は複数提唱されている．単純に気体の分圧に比例するとしたヘンリー吸着を始め多数の等温式がある．固体の表面は，細孔が開いていたり，フラットではなく凹凸があったりして複雑である．このような表面への気体の吸着にもよく当てはまる式がある．単分子層の吸着を速度論的に考察したラングミュア（Langmuir：人名）の吸着式である．

一定温度において，活性炭のような多孔性固体の表面に吸着する気体の吸着量を V，その時の平衡圧を p，飽和吸着量（Saturated Adsorption Amount）を V_m（ml/g）とすると，次のような吸着等温式（Adsorption Isotherm）が成り立つ．

$$V = \frac{KpV_m}{1+Kp} \qquad (式 18\text{-}1)$$

ここで，K は比例定数である．さらに，式 18-1 を変形すると，

$$\frac{1}{V} = \frac{1}{KpV_m} + \frac{1}{V_m} \qquad (式 18\text{-}2)$$

これらの式によく当てはまる例として，シリカゲルに対する酸素および二酸化炭素の吸着がある．

気体が固体表面に吸着される場所を吸着サイトといい，それは固体表面上に均一に分散している．一度サイトに吸着した吸着分子は，他の吸着分子近傍のサイトに同時に吸着することはなく，さらに1つのサイトには吸着分子1個しか吸着することはできないので，このラングミュアの吸着では，吸着サイトが吸着質によって一様に占められてしまえば，いくら圧力を加えてもそれ以上の吸着は起こらないことになる．このような吸着を単分子層吸着（Monolayer Adsorption）と呼んでいる．活性炭上への Ar, N_2, CO_2, CO, O_2 などの吸着現象はこの型に属する．

ブルナウアー（Brunauer：人名），エメット（Emett：人名），テラー（Teller：人名）の3人によって導き出された理論式で，Langmuir の単分子層吸着を多分子層吸着（Multilayer Adsorption）に拡張した等温吸着である．吸

着層がその飽和蒸気圧（Saturated Vapor Pressure）の数十分の一程度の圧力で固体表面に吸着されるようになると，吸着層はもはや単分子層吸着だけでなく，さらにその上に重なって吸着してゆく多分子層吸着を引き起こすようになる．このような吸着を BET 吸着と呼んでいる．

吸着質の飽和蒸気圧を P_0，吸着平衡における圧力を P，その時の吸着量（標準状態での体積）を V，吸着媒が完全に吸着質の単分子層で覆われるときの吸着量を V_m とすると，BET 吸着式は次式となる．

$$V = \frac{V_m K_p P}{(P_0 - P) + \left\{\frac{(K_p - 1)P}{P_0} + 1\right\}} \quad \text{(式 18-3)}$$

もし，$P_0 \gg P$ ならば（P が P_0 よりかなり小さいとすると，1 に対して $\frac{p}{p_0}$ が無視できるから，式 18-3 は Langmuir 式と同等である．ここで，K_p は Langmuir 式中の K と同じ意味の定数である．

BET 吸着は，Langmuir 単分子層吸着の前提に加えて，第 2 層からの吸着は下記のような仮定に基づいている．

(1) 第 2 層以上の吸着では，発生する吸着熱は吸着質の液化熱（Heat of condensation）に等しい．
(2) 気相の平衡圧 P がその温度の飽和蒸気圧 P_0 に近づくと，吸着量は無限大となる．
(3) 各層に吸着した分子間には相互作用はない．

低温における無孔性固体（Nonporous Solid）への吸着は，この型に属するものが多く，その吸着力は気体分子間の van der Waals 力による．また，BET 吸着は必ず単分子層吸着の完成の後に形成される．

上記のような各種相互作用により吸着がなされるが，吸着量の圧力依存性を示す吸着等温線は細孔径の分布，細孔の形状，細孔表面の化学的性質により異なる形状を示すことが知られている．

図 18-1 に，Sing らが決定した IUPAC による吸着等温線の分類を示す．

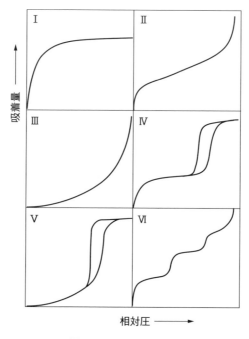

図 18-1　IUPAC 分類

(1) タイプ I：この型の等温線は単分子層吸着を想定した Langmuir 型と言われている．ミクロ細孔（直径 2 nm 以下）を有する固体にも適用される．

(2) タイプ II：固体表面と気体分子との相互作用が強い系で観察される場合が多い．BET 型と呼ばれ多分子層吸着がおこっている．

(3) タイプ III：固体表面と気体分子との相互作用が弱い系で観察され，タイプ II と同様に，相互作用の不均一な系で多分子層吸着が起こっていることを示す．

(4) タイプ IV：固体表面と気体分子との相互作用が強く，かつメソ細孔（直径 2〜50 nm）を有する固体で観察される．ヒステリシスを示す．ヒステリシスの様子によって H1〜4 型にさらに分かれる．

(5) タイプ V：タイプ II とタイプ IV の関係と同様に，タイプ III の固体にメソ

細孔が存在する場合に観察される．タイプIVと同様にヒステリシスを示す．
(6) タイプVI：階段型等温線と呼ばれ，均一な表面に吸着した第1層の影響を受けて第2，第3層が吸着している．

18・1 この測定で何がわかるか？

　測定自体から得られる情報は横軸を相対圧力，縦軸を吸着量とする吸着等温線である．窒素ガス吸着の場合，吸着等温線の解析から，比表面積（単位質量（1g）当たりの表面積），細孔径分布，細孔容量等の情報が得られる．また，上記のIUPAC分類からある程度の細孔形状が推測できる．例えば，ミクロ孔があるような場合は低圧での凝縮が起こり，等温線の低圧部が鋭く立ち上がる．またIUPAC分類でH2とされるヒステリシスを示す場合はインクボトル型の細孔があるとされている．

　特定金属に優先的に吸着するガスを用いる場合には，粉体中の金属分散度などが分かる．

　分子プローブ法では数種類の断面積の異なる分子を吸着質として用いることにより窒素吸着では適用外の小さい（0.3ナノメートル程度）ミクロ孔まで分布を知ることができるとされる．

　また水蒸気吸着などからは表面の親水性，疎水性についての知見が得られる．

　単純な形状の無孔性固体がサンプルの場合は得られた比表面積からだいたいの粒子直径を計算でき BET 径として用いられる．

18・2 吸着量の測定

　固体表面へのガス吸着量の測定法は定容法，流通法，重量法に大別され，比表面積測定には定容法が用いられる．定容法では内容積の検定された一定温度の容器にガスを導入し測定対象の吸着媒が入ったセルと接続しその前後の圧力変化からセル内へ導入されたガスの量を決定する方法である．さらにセル内の

圧力減少量から吸着量を算出できる．圧力変化からガスの量への変換は気体の状態方程式を用いる．

測定の大まかな流れとしては，①まず検体を十分乾燥させた後に，測定セル中に導入する．セル中に入れた検体の重量は別途精密天秤により測定しておく，②装置にセルを接続後，必要に応じて真空中で前処理を行う，③測定条件の入力を行う，④冷媒として液体窒素を用意し装置のデュワー瓶に入れる，⑤測定を開始する，⑥得られた等温線を解析する，となる．

(1) 測定装置の準備

装置は制御部，基準容積部を含む恒温槽，各種圧力計，ターボポンプまたは拡散ポンプが1つの筐体（本体）に入れられており（図18-2），制御用コンピ

図18-2 高精度・多検体ガス吸着量測定装置 Autosorb-iQ
（写真提供：カンタクローム・インスツルメンツ・ジャパン）

ュータやサンプル管との外部接続部を設けている．さらに粗引き用の油回転ポンプが接続されている．基準容積部は容積があらかじめ検定されておりこの容積と，圧力計の示す圧力，恒温槽の温度からガス（蒸気）の物質量が決定される．

　この他に後述する死容積測定や前処理時にガス交換を行うヘリウムガス，吸着用の高純度窒素ガス（窒素吸着測定の場合）のボンベが必要である．冷媒としては液体窒素などを予想される測定時間に応じて用意する．低比表面積試料の場合はクリプトンガスが有効なので窒素に替わり用いる．

(2)　試料の準備

　前項の大まかな流れの①に相当する部分を詳述する．測定セルは通常内径 6 mm 程度，全長 20 cm 程度のガラス管で開放されていない一端が膨らんだ形状でそこにサンプルが導入される．機種によって差異はあるが窒素吸脱着の場合，一般に表面積が 10 から 100 m^2 程度になることが望ましいとされる．低すぎると吸着量が非常に小さく，高すぎると吸着平衡に達するまでに時間がかかりすぎるためである．複数のサンプルを同時測定する場合には，各サンプル管の細孔容量，表面積はあまりばらつかない方が望ましい．

　装置は圧力変化のみを測定するので比表面積を求めるには吸着測定とは別に重量測定を行わなければならない．サンプル重量測定は誤差の主な要因なので，素手でサンプル管を触らないなどの細心の注意が必要となる．

　測定の直前に通常は試料の前処理が行われる．前処理を行わずに水分が残った状態で測定を行うと，水蒸気の分圧による測定値の信頼性低下，水分による細孔の閉塞などと同時に，水蒸気の急激な膨張による粉末の飛散などの装置汚染が発生する．前処理は真空中加熱が一般的であるが，不活性ガスを流通しながらの加熱なども行われる．注意すべき点は急激な真空引きによる粉末の飛散，および加熱による表面状態，結晶状態，試料形態（凝集構造）の変化である．粉末の飛散は粉末間の水蒸気の急激な膨張で起こるため，事前の乾燥や試

料セルの排気スピードの設定を遅くする（弁の開度調節）ことで対応する．また，必要以上にサンプルを多くしないこと，サンプル管にフィルターを取り付けるなどの対策も有効である．粉末ではなくブロック状のサンプルを用いる場合には飛散などの問題は発生しないが，測定セル内に入らないということがよくあるため適度な大きさにカットするか，高価ではあるがブロック用のセルが装置メーカーから販売されているのでそれを用いる必要がある．熱による構造変化については，前もって熱分析を行い構造変化温度以下での測定をすることによって対応できる．可能であれば一度で測定を終わらせるのではなく複数回測定して比表面積の値が妥当であるかの検討を行うことが望ましい．

(3) 吸着測定の条件設定

　ここでは比表面積や細孔分布の測定に主眼を置いているので詳しくはしないが，ガスあるいは蒸気などの吸着質の種類，それらのビリアル係数や飽和蒸気圧などの設定を測定に先立ち行う．サンプル重量は別途天秤で精秤した値を用いる．リークテスト時間，測定点数，吸着平衡判断の条件，ガス導入の条件などを装置動作用のソフトウェアに従って設定を行う．

　これらの条件設定は対象の性状に依存するため実際のサンプルを測ってみないと決められない物が多い．測定点数について言えば，例えば1点法で測定するならば測定点数は1点で，BET比表面積を求めるだけであれば7点程度で十分である．

　ミクロ孔が多いサンプルでその細孔径分布を求めたい場合は低圧部のみ重点的に測定を行う．この場合サンプル管のリークチェックやサンプルの事前乾燥を厳密に行う．

18・3　測定する場合の注意点

　きれいな曲線にならず折れ曲がった吸着線になる場合は，全表面積が低く吸着量が非常に低いことが理由として考えられる．この場合は検出感度以下であ

るということなので，より感度の高いクリプトンを用いるか，あるいはサンプルの量を増やすという対策が必要となる．あるいは各プロットが吸着平衡に達していない可能性も考えられるため平衡判断に要する時間を長く取ることも対策の1つとなる．

吸着等温線よりも脱着等温線が下回る場合はサンプルからの蒸気の蒸発あるいは平衡に達していない可能性が考えられる．サンプル前処理条件の検討が必要となる．

18・4 吸着等温線の読み解き方

得られる吸着等温線は図 18-3 に示す形状となる．

この吸着等温線の形状そのものにも意味があることを先に示したが，比表面積等の各種パラメータを得るには装置付属の計算機で各種計算を行うことになる．

比表面積については BET 比表面積が最もよく用いられ，測定では窒素吸脱着装置のことを単に BET と呼んでいることが多い．この方法は通常相対圧 0.15–3.5 の間で 3–7 点程度の BET 吸着式で計算したプロットを作成して傾きおよび切片から単分子層吸着量を計算しそれに分子の吸着断面積を掛け算する

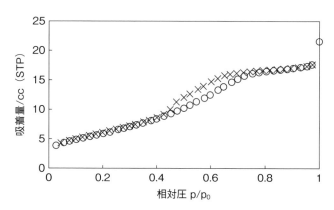

図 18-3　メソポーラス酸化チタン粉末の吸着等温線

ことにより表面積を求めている．現在はほとんど装置の備え付けのコンピュータで計算するので，自分での計算の必要はないがフィッティングの判断は測定者自身で行う必要がある．通常は前述の相対圧範囲内で最も相関係数が高い直線を引くが，そうでない場合はゼロ点付近でフィッティングを行う場合が多い．

　細孔径分布についてはメソ孔（50–2 nm）の分布とミクロ孔の分布（<2 nm）で計算方法が異なる．メソ孔においては BJH 法，DH 法，CI 法など，ミクロ孔においては MP 法，t プロット法などが挙げられる．近年注目されているのは非局在化密度汎関数法（NLDFT）と呼ばれる手法である．ある形状の細孔において様々な細孔径に対して理論的な吸着等温線と実測の吸着等温線と比較してフィッティングを行う方法である．NLDFT はメソ孔とミクロ孔を分けずに解析できる唯一の方法と言われる．

18・5　ワンポイントメリット

　粉体の基本的な特性値である比表面積を調べる方法としては，ガス吸着が最も信頼できる方法である．また，吸着測定はガスを用いるため他の流体では表面張力の関係上入っていけないような細孔を含む検体の情報を得るための最も有効な手段でもある．電子顕微鏡では電子線の透過できない内部までは見ることができないうえ，そもそも比表面積のような指標となる「値」を出すのに不向きな分析である．メソ孔より大きな細孔に対しては水銀圧入法が，ミクロ孔以下の細孔に対しては陽電子吸収や対称性があれば X 線回折などの方法と併用することにより乾燥可能なサンプルに対しては細孔の大きさに関する情報がほぼすべて得られる．これらと電子顕微鏡などによる形状観察により固体試料の微細形状に関する理解を深めることができる．

参考文献

[1] 近藤精一, 石川達雄, 安部郁夫, 吸着の化学（第2版）, 丸善株式会社, 平成13年
[2] 近澤正敏, 田島和夫, 基礎化学コース　界面化学, 丸善株式会社, 平成13年
[3] B. C. LIPPENS, B. G. LINSEN, AND J. H. DE BOER, Studies on Pore Systems in Catalysts I.The Adsorption of Nitrogen; Apparatus and Calculation, JOURNAL OF CATALYSIS 3, 32–37 (1964).
[4] Elliot P.Barrett, Leslie G . Joyner, and Paul P. Halenda, The Determination of Pore Volume and Area Distributions in Porous Substances. I.Computations from Nitrogen Isotherms, J. Am. Chem. Soc., 73, 373–380, 1951
[5] K.S.W.Sing, D. H. Everett, R. A. W. Haul, L. Moscou, R. A. Pierotti, J. Rouquerol, T. Siemieniewska, Reporting physisorption data for gas/solid systems with special reference to the determination of surface area and porosity, Pure Appl. Chem., 57, 603（1985）

19　固体の臨界表面張力の測定

　正常なガラス板上に水をたらすと，水は速やかに拡がっていく．このガラス板上に油類，例えばパラフィンを薄く塗ってその上に水を滴下すると水は拡がらずに水滴となる．これらの場合，水はガラス板をよく濡らすが，パラフィンを濡らさないと言う．図19-1は，後者の場合の水滴の様子を示したものである．

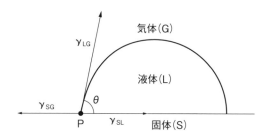

図19-1　液滴に働く力のつりあい

　水滴面と固体面が接する点Pで，液面に引いた接線と固体表面のなす角 θ を接触角（Contact Angle）と言う．実測すると，水とガラス板との接触角はほとんどゼロに近いが，水とパラフィンとの接触角は約110°にもなる．このことから接触角の小さい物質との組み合わせではヌレやすく，逆に接触角の大きいものの組み合わせではヌレにくいと言える．したがって，固体上の液滴が示す接触角の大小は，ヌレ現象の1つの重要な目安となる．また図19-2に示すように，液滴が固体上を前進するときに得られる接触角を前進接触角（Advancing Contact Angle：θ_a）と言い，高麗するときの接触角を後退接触角（Receding Contact Angle：θ_r）と言うが，θ_a と θ_r は一致せず，一般に θ_a は θ_r よりも大きい．このことを接触角のヒステリシスと呼ぶ．その原因としては，

固体表面上の凹凸，摩擦（Friction），吸着などが考えられている．

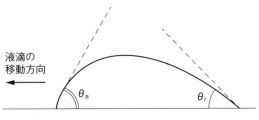

図 19-2　前進接触角と後退接触角

19・1　ヌレと浸透

　一滴の液体を清浄な固体表面に垂らしたとき，その液体が固体の表面全体に拡がるか，固体表面とある確度を持って液滴となって留まるかの2通りの考え方ができる．一般に，固体の表面は空気と接触しており，固体が気体を吸着して固体/気体の界面ができている．液体が固体と直接接触するためには，気体/固体との界面を押しのけなければならない．このように固体/気体の界面が消失して，新しく固体/液体の界面が生じる現象をヌレ（Wetting）と言う．ヌレを大別すると下記に示す3つの型がある（図 19-3）．

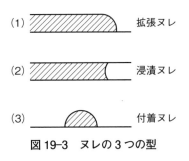

図 19-3　ヌレの3つの型

(1) 拡張ヌレ（Spreading Wetting）：ガラス板上に水やアルコールが拡がっていくとき濡れ方で，このときの拡張の仕事（Work of Spreading）Ws

は次式で表される．

$$W_s = \gamma_s - \gamma_l - \gamma_{sl}$$

ここで，γ_s，γ_l は固体および液体の表面張力で，γ_{sl} は固体と液体の界面張力値，W_s は大きいほどヌレやすい．

(2) 浸漬ヌレ（Immersional Wetting）：ろ紙に水がしみこむような場合のヌレ方で，その浸漬仕事 W_i は次式で与えられる．

$$W_i = \gamma_s - \gamma_{sl}$$

(3) 付着ヌレ（Adhesional Wetting）：ガラス板上に水銀をおいたときのヌレ方で，付着仕事（Work of Adhesion）W_s は次式となる．

$$W_s = \gamma_s + \gamma_l - \gamma_l \theta$$

固体表面上におかれた液滴と γ_s，γ_l，γ_{sl} および接触角 θ との間には，次のようなヤング（Young）の関係がある．

$$\gamma_s = \gamma_{sl} + \gamma_l \cos\theta$$

この式を用いて γ_s，γ_{sl} を消去すると，W_a，W_i，W_s は次のようになる．

$$W_s = \gamma_l (\cos\theta - 1)$$
$$W_i = \gamma_l \cos\theta$$
$$W_a = \gamma_l (\cos\theta + 1)$$

この式から下記のことが言える．

$\theta = 0°$ のとき，$W_s \geq 0$ で，拡張ヌレが起こる．

$\theta \leq 90°$ のとき，$W_i \geq 0$ で，浸漬ヌレが起こる．

$\theta \leq 180°$ のとき，$W_a = 0$ で，付着ヌレが起こる．

このように，固体の表面は水にヌレやすい親水性面（Hydrophilic Plane）とヌレにくい疎水性面（Hydrophobic Plane）とに分けて考えることができる．

ちなみに，水にも油にもヌレない，言い換えれば，撥水・撥油性になるためには，水や油の表面張力値よりも小さい表面を作ることである．

19・2 接触角の測定

測定対象とする固体表面を極力洗浄して綺麗な表面を出現させることが最も重要である．具体的な測定法を大別すると2通りある．

(1) $\theta/2$ 法

固体上に滴下した液体は，自らが持つ表面張力で丸くなり，球の一部を形成する（前述）．この時の形状をCCDカメラで画像として取り込み，画像処理により液滴の左右端点と頂点を見つけ，液滴画像の半径（r）と高さ（h）を求める（図 19-4）．求めた値を次式に代入して接触角 θ を求める．

$$\tan\theta_1 = \frac{h}{r} \to \theta = \arctan\frac{h}{r}$$

この際，その大きさが微小であれば（数 μl 程度で）あれば重力の影響は無視できるので，その輪郭は球（円）の一部として求めることができる．

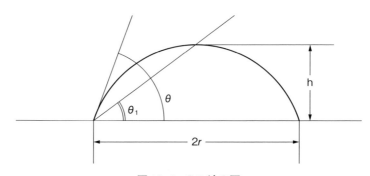

図 19-4　$\theta/2$ 法の図

(2) 接線法

図 19-5 のように，液滴端点を球の一部と見なし，円弧上の点 L_1, L_2, L_3 から円 O の中心 M を求め，点 L_1 における円の接線を求めることができる．求めた円の接線と直線でなす角度が液滴左側の接触角となる．同様にして，円

弧上の点 R_1, R_2, R_3 から液滴右側の接触角を求めることができる．

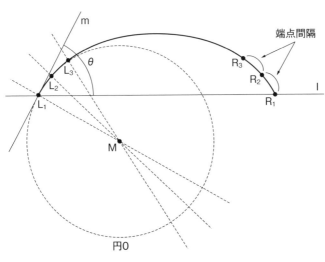

図 19-5　接線法の図

$\theta/2$ 法は取り込んだ液滴の幅と高さから計算するので，左右の平均値となるが，接線法は，固体表面の状態により液滴左右の値にばらつきがある場合などにはより有効な測定法となる．

19・3　臨界表面張力値の求め方

表 19-1 に，各種（A 型，B 型，C 型）標準液体の表面張力値を示す[1]．ここで，A 型液体とは表面張力の成分として分散力（γ^d）のみをもつ液体類を指し，n-アルカン（飽和炭化水素類）がこの分類に相当する．B 型液体とは分散力（γ^d）および極性力（γ^p）を持つ液体類を指し，n-アルケン（不飽和炭化水素類）が相当する．C 型液体とは分散力（γ^d），極性力（γ^p），水素結合力（γ^h）をもつ液体類を指し，1-アルカノール（脂肪族アルコール）が相当する．

求め方を簡単に言うと，研究対象とする固体表面上に表 19-1[1]に示す各種液体を滴下してその接触角 $\cos \theta$ を測定する．つまり，表 19-1 に示す同族類

表19-1　標準液体の表面張力値

型	標準液体		表面張力 (mN/m)
A液体[*1]	Dodecane	$C_{12}H_{26}$	25.0
	Tridecane	$C_{13}H_{28}$	25.7
	Tetradecane	$C_{14}H_{30}$	26.5
	Pentadecane	$C_{15}H_{32}$	26.9
	Hexadecane	$C_{16}H_{34}$	27.4
	Heptadecane	$C_{17}H_{36}$	27.9
B液体[*2]	1-Dodecene	$C_{12}H_{24}$	27.7
	1-Tetradecene	$C_{14}H_{28}$	28.3
	1-Hexadecene	$C_{16}H_{32}$	29.4
	1-Octadecene	$C_{18}H_{36}$	30.1
C液体[*3]	1-Hexanol	$C_6H_{13}OH$	25.7
	1-Heptanol	$C_7H_{15}OH$	26.6
	1-Octanol	$C_8H_{17}OH$	27.2
	1-Nonanol	$C_9H_{19}OH$	28.0
	1-Decanol	$C_{10}H_{21}OH$	28.4
	1-Dodecanol	$C_{12}H_{25}OH$	29.1

[*1]：ロンドン分散力成分（γ^d）を含む液体
[*2]：ロンドン分散力成分（γ^d）と極性力成分（γ^p）を含む液体
[*3]：γ^d，γ^pと水素結合成分（γ^h）を含む液体

ごとの接触角 $\cos\theta$（縦軸に表示する）を測定してその液体が有する表面張力値（横軸に表示する）との関係をプロットする．

　各標準液体（分散力のみを持つ液体類，分散力と極性力をもつ液体類，分散力と極性力と水素結合力を持つ液体類）のそれぞれの接触角測定値をZismanプロットし（$\cos\theta$を縦軸に取り，標準液体類の表面張力値を横軸に取り，$\cos\theta$ が1となるときの臨界表面張力値（γ_c）[2][3]を求め，さらにその成分（分散力，極性力，水素結合力）を算出する[4]-[6]ことになる．A型標準液体に関する値（$\gamma^A{}_c$）から分散力成分（$\gamma^d{}_c$）を，$\gamma^A{}_c$とB型標準液体に関する値（$\gamma^B{}_c$）の差から極性成分（$\gamma^p{}_c = \gamma^B{}_c - \gamma^A{}_c$）を，また，$\gamma^B{}_c$とC型標準液体に関する値（$\gamma^C{}_c$）の差から水素結合成分（$\gamma^h{}_c = \gamma^C{}_c - \gamma^B{}_c$）をそれぞれ求める．

　図19-6[6]に示すように，A型標準液体，B型標準液体，C型標準液体の各

直線を $\cos\theta$ が 1 となる値の交点まで外挿した値をそれぞれの臨界表面張力値 ($\gamma^d{}_C$, $\gamma^p{}_C$, $\gamma^h{}_C$) として定める．それらの値を総計した値 ($\gamma^t{}_C$) が対象とする固体の表面張力値（臨界表面張力値）になる．

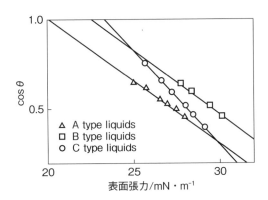

図 19-6　30 ℃における C_6F_{13}（Rf 値＝16 %）に対する $\cos\theta$ と種々の液体の表面張力との関係

表 19-2　PSt–CFCCF$_2$>0{CF$_2$CFCCF$_3$>0}$_m$C$_2$F$_7$ (m＝0, 1, 2) の 30 ℃における臨界表面張力成分

Sample	Rf ratio	γ_c^d (mN/m)	γ_c^p (mN/m)	γ_c^h (mN/m)	γ_c^t (mN/m)
PSt	0 %	30.3	4.4	1.0	35.7
$m=0$	2 %	22.0	4.1	1.1	27.2
	3 %	21.6	3.9	1.1	26.6
	5 %	19.9	3.6	1.1	24.6
	10 %	18.4	3.1	1.2	22.7
$m=1$	4 %	21.0	2.9	1.5	25.4
	6 %	19.2	3.2	1.6	24.0
	13 %	12.4	2.9	0.9	16.2
	43 %	12.3	2.9	1.0	16.2
$m=2$	3 %	14.0	3.5	1.1	18.6
	9 %	10.1	3.0	1.1	14.2
PSt–C$_6$F$_{13}$*	16 %	20.5	2.3	0.7	23.5

* data from lit.[6]

実例として，30℃で過酸化ペルフルオロアルカノイル（含フッ素化合物）で表面処理した（フルオロオキサアルキル化した）ポリスチレンの臨界表面張力の分散力成分（γ^d_c），極性力成分（γ^p_c），水素結合成分（γ^h_c），臨界表面張力値（γ^t_c）と，フルオロオキサアルキル化率を**表 19-2**[7]に示す．

　撥水・撥油性に関する詳細は原著論文を参考にして頂くことにし，この測定で得られた撥水・撥油性を示すポリスチレン（上記のフッ素系界面活性剤で処理）を表 19-2 に示す．表から明らかなように，m＝1 の場合，Rf 値が 13 ％や 43 ％のとき，γ^t_c が 16.2（mN/m）となり，さらにフッ素化率を上げた m＝2 の場合，Rf 値が 9 ％（ポリスチレンの表面におけるフッ素化率）のとき，γ^t_c が 14.2（mN/m）となり，テフロンの γ^t_c（18mN/m）よりも低くなり，かなりの撥水性・撥油性を示していることが分かる．

参 考 文 献

[1] 荻野圭三，阿部正彦，森川公雄，沢田英夫，中山雅陽，油化学，**40**, 1115 (1991).
[2] W. A. Zisman, J. Phys. Chem., 58, 260 (1954).
[3] W. A. Zisman, "Contact Angle, Wettability and Adhesion", Adv. Chem. Ser., 43, American Chemical Soc., (1964).
[4] 畑　敏雄，高分子，**17**, 594 (1968).
[5] 北崎寧昭，畑　敏雄，日本接着協会誌，**8**, 131 (1972).
[6] 阿部正彦，森川公雄，荻野圭三，沢田英夫，松本竹男，島田広道，松林信行，西嶋昭生，色材，**65**, 475 (1992).
[7] 森川公雄，阿部正彦，荻野圭三，沢田英夫，松本竹男，島田広道，松林信行，西嶋昭生，色材，65, 612 (1992).

20 研究に使う水

20・1 水の中の不純物

水中に存在する不純物は，**表 20-1** に示すように分類されている．このうち，水に溶解する，あるいは溶解しない物質が化学物質であれば，その除去は物理的あるいは化学的処理により完全に（少なくとも ppt レベルまで）取り除くことができる．しかし，完全に取り除くことができない物質が，最下段に記述してある微生物（バクテリア）である．我々，化学者にとって厄介なことはこのバクテリアなどを取り扱う際に，「ゼロの概念」が適用できないことである．すなわち，強酸性水溶液や強アルカリ性水溶液あるいは温水中でもバクテリアは生存することができ，何かの手段によってバクテリアが一時的に死滅したように見えても，それは一時的な通過点であるに過ぎず再生する場合があるから

表 20-1 水中の不純物の分類

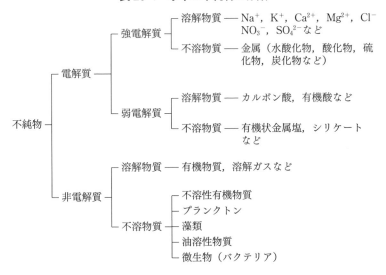

である.

　水を溶媒として用いた実験を行う場合,とくにミクロな視点に立って行う実験の場合,得られるデータの再現性は悪い.例えば,水溶液中における溶存物質の大きさをナノオーダーで測定するとき,後述するように化学物質でないバクテリアが存在すると,データの再現性のみならず実験事実とは異なった結果を得てしまう恐れもあるので特段の注意を払う必要がある.

20・2　研究に使う水に注目する理由

　我々は,水中に存在するバクテリアのうち,大腸菌に代表されるグラム陰性菌に注目してみた[1].グラム陰性菌から遊離した細菌性発熱物質は主としてグラム陰性菌の細胞膜外層に存在し,哺乳類などの高等動物に対して強い発熱作用をもたらすと言われている.発熱性物質の１つに内毒素(Endotoxin：エンドトキシン,同義語としてPyrogen)がある.エンドトキシン(パイロジェン)は予想に反して夏に多いのではなく,むしろ渇水時期に多いようであった.東京理科大学・野田校舎の水道水中(一級河川の利根川の野田市付近から採取)のエンドトキシンの季節変動を測定してみた(図20-1)[1].バクテリア細胞の

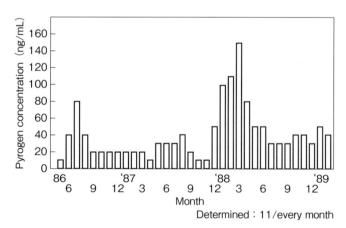

図20-1　水道水中のパイロジェン(エンドトキシン)の季節変動

構成元素を求めてみたところ,炭素が乾燥重量の約 50 %を占め,続いて Na が 6.4 %,Ca が 2.9 %,Mg が 1.5 %,K が 1.2 %であった.また,試算したところ,バクテリアは TOC(全有機炭素量)$1\mu g/l$ 当たり 1×10^4 個/ml 生育できるので,水中の TOC 濃度が極めて重要なカギを握ることになる.

次に,この水道水を原水として蒸留やイオン交換樹脂を用いて精製した水中のバクテリア数を**表 20-2**[2]に示す.表 20-2 から明らかなように,蒸留を 1 回した水,蒸留を 2 回した水,イオン交換樹脂中を通過させて脱イオンした水のいずれの場合でも,バクテリアは採取直後では検出されなかったが,わずか 2 日間貯蔵しておいた水の場合には検出された(単位は個数/100ml).これは,水中に極微量溶存している有機物や有機由来物質がバクテリアの栄養源として繁殖したためと考えられる.

表 20-2 バクテリアによる水汚染

純 水	1 回蒸留水		2 回蒸留水		脱イオン水	
	水採取直後	貯蔵後	採取直後	貯蔵後	採取直後	貯蔵後
バクテリア数 (個/100ml)	0	15	0	50	0	25

次に,意図的にバクテリアを採取して,その繁殖の経時変化を測定してみた(**図 20-2** および **図 20-3**)[2].

なお,回数の左側の縦軸は,100ml 中のバクテリアの数を表し,右側の縦軸は 1ml 中のエンドトキシンの ng を表す.図 20-2 は 2 回蒸留水と注射用蒸留水の場合であり,図 20-3 はどちらの場合もカチオン交換樹脂とアニオン交換樹脂との混床(汎用な使用基準)により精製した水である(ただし,精製の度合いが異なる).2 回蒸留水の場合,48 時間後にはバクテリアの数は 10^4 個までに達した.一方,脱イオン水の場合(図 20-3)には驚いたことに 72 時間後から急激に増加し,TOC が 245ppb の水の場合には 10^6 個までにも達した.しかし,全有機炭素量が減少するとバクテリアの数も減少している(TOC

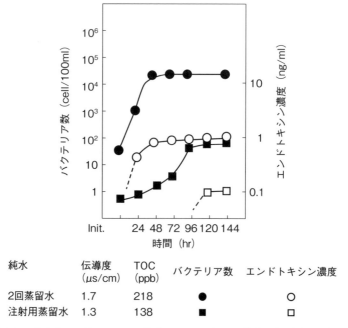

図 20-2　純水中のバクテリアの数とエンドトキシン濃度の経時変化（25℃）

245ppb→TOC 169ppb）．

　例えば，学生実験でよく使う洗ビン中にイオン交換樹脂中を通過させた水（上記の TOC が 245ppb の水）をそのまま静置しておいて 4 日間ほど経過すると，水中のバクテリア濃度は急増することになり，ましてや一週間後の学生実験に使う水（とくに，物理化学実験で使用する場合には）は，一週間前の水とは全然別のものになっていることを決して忘れてはいけない．つまり，水の性質は経時変化するものであり，採取時の異なる水を使う場合には十分注意する必要がある．

　注射用蒸留水（一般に，TOC 濃度が約 150–170ppb）中に存在するエンドトキシンの形を球状と仮定したときの粒子径を**表 20-3**[2]に示す．表 20-3 から明らかなように，エンドトキシンの大きさはその履歴により異なるが，概ね

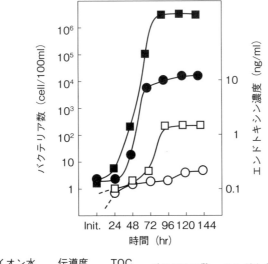

図 20-3 脱イオン水中のバクテリアの数とエンドトキシン濃度の経時変化（25℃）

表 20-3 注射用蒸留水中のリファレンスエンドトキシン*の平均粒子径

エンドトキシン	平均粒子径（nm）
LPS from E. coli 055：85	157（141–166）
LPS from E. coli UKT–B**	212（200–219）
LPS from E. coli UKT–B***	171（161–178）

(500ng/ml)

*：表中では別名の LPS で標記してある
**：牛血清アルブミンを含む
***：マンニトールを含む

160nm〜22nm であり，水の直径 0.3nm と比べると如何に大きいかが理解できるはずである．

次に，水中におけるゼータ電位を測定してみた（**表 20-4**）[2]．ゼータ電位の値はやはりマイナスであり，バクテリアの種類により多少ばらつくものの平均すると －30mV である．つまり，バクテリアが存在するということは，水の大きさ（0.3nm）より極めて大きな粒子が水中に共存することになり，その数の増加や死滅による凝集によって水の状態は大きく変化するので，水溶液中では不均一反応場になりやすい．

表 20-4　水溶液中における種々のバクテリアのゼータ電位

バクテリアの種類		ゼータ電位（mV）
A. ruhrandii	IAM 12600	－35～－45
A. faecalis	IAM 12586	－35～－40
A. putrefaciens	IAM 12079	－20～－30
E. coli	IAM 1268	－40～－50
P. aeruginosa	JCM 2776	－30～－35
P. diminuta	JCM 2778	－30～－40
S. marcescens	IFO 12648	－10～－20

　水を精製していく過程で，バクテリアはどうなるだろうか．そこで，水をより精製した TOC 60ppb と，さらに精製した水（TOC 5ppb）中のバクテリアを調べてみた（**表 20-5**）[3]．

　TOC 60ppb の水の場合，2 種類のバクテリアが検出でき，*Pseudomonas fluorescens*：シュードモナスフレオレスセンスと *Pseudomonas putida*：シュードモナスプチダであると同定できた．驚いたことに，より精製した TOC 5ppb の水の場合には 60ppb の水とは別のバクテリアである Pseudomonas stutzeri：シュードモナスステッツリが検出された．つまり，水の純度が異なると生存しているバクテリアの種類は異なっている．

20・3　大学における研究に使うべき水

　純度の程度による分類を**表 20-6** に示す．
　詳細は表 20-6 を見て頂きたいが，便宜的に分けるとすれば，工業用水とは，

表 20-5　純水中のバクテリアの同定

Characteristics	TOC 60μgC L Bacterial A	TOC 60μgC L Bacterial B	TOC 5μgC L Bacterial C
Gram stain			
Catalase test	+	+	+
Oxidase test+++			
Nitrate reduction test	−	−	+
H_2S generation test	−	−	+
Acid formation from sugars：			
D–Glucose	+	+	+
Fructose	+	+	+
Maltose			
Xylose	+	+	+
Mannitol	−	−	−
Lactose	−	−	−
Saccarose	+		
Trehalose	+	−	Not tested
Growth on MacConkey agar	+	+	+
Growth at 42 ℃	−	−	+
Pigment forrnation	+	+	+
Identification	*Pseudomonas fluorescens*	*Pseudomonas putida*	*Pseudomonas stutzeri*

河川水中の大きな浮遊物を除去したのち，土砂などの濁度成分を自然沈降させたものである．上水とは，浮遊物を除去したのち，凝集剤を添加して強制的に濁度成分を沈降させ，その後殺菌したものである．純水とは，水道水または井戸水を原水として，イオン交換あるいは蒸留などにより電解質やその他の成分を除去したものである．超純水とは，純水中の不純物をさらに除去し，電気比抵抗18.2MΩcm である理論純水[4][5]に限りなく近くしたものである．この極めて高度に精製された水は，エネルギーやエレクトロニクスに代表される先端技術産業とは切っても切れない密接な関係にあり，その用途は多岐にわたる．さらに，製品の高純度化，高性能化，超微細加工化，およびプロセスの無菌化，汚染防止に伴い，使用される超純水の水質に対する要求レベルは次第に厳しくなっている．

表 20-6 純度による水の分類

	河川水	工業用水	上水	純水	超純水
濁度	15 度以下	10〜15 度以下	2 度以下	1 度以下	1 度以下
抵抗率	0.001〜0.01MΩ·cm	0.001〜0.01MΩ·cm	0.002〜0.02MΩ·cm	0.2〜15MΩ·m	16MΩ·cm
微粒子	uncountable	uncountable	数千個〜数万個/cm^3	数百個/cm^3	100 個/cm^3 以下
生菌	uncountable	uncountable	(数千個/cm^3)	数百個 1cm^3	100 個/cm^3 以下
有機物	15ppm 以上	1〜15ppm	1〜5ppm	1ppm	0.5ppm 以下

理論純水抵抗率 18.25MΩ·cm (25 ℃)
工業用水:河川水中の大きな浮遊物を除去した後,土砂などの濁度成分を自然沈降させたものである.
上水:浮遊物を除去した後,凝集剤を添加して強制的に濁度成分を沈降させ,その後殺菌したものである.
純水:水道水または井戸水を原水として,イオン交換あるいは蒸留などにより電解質その他の成分を除去したものである.
超純水:純水中の不純物をさらに除去したものである.

　これらの要求を満たすための高度処理技術として,イオン交換法や膜濾過法,紫外線殺菌法などの単位技術の組み合わせによる純水製造システムが確立されてきた.代表的な超純水製造システムの手順を示すと,前処理システムでは原水中の濁質やコロイド物質を沈殿・ろ過する.次に,この処理水を逆浸透膜に通すことにより溶解あるいは分散している塩類や有機物,微粒子,生菌などを除去する.逆浸透膜で除去されなかった二酸化炭素や溶存酸素などは脱気塔で除去される.さらに,透過水中に残留する微量のイオン類はイオン交換膜で脱塩されて高純度の純水となり,超純水システムに送られる.超純水システムでは,一次純水をさらに高純度の純水にするため,殺菌および残留イオン,微粒子の除去を行う.限外ろ過装置または逆浸透装置はファイナルフィルターとも呼ばれ,超純水の総仕上げの役割を担っている.ここで,極微量のイオン交換樹脂の破壊物や細菌,微粒子などが除去され,高度の超純水となってユースポイントへ供給される.ユースポイントからの比較的汚染の少ない廃水は,

前処理システムへ戻し再利用される．

　ここでは，イオン交換膜を用いた殺菌について述べることにする．イオン交換膜の種類にもいろいろあるが，大別するとアニオン（陰イオン）交換膜とカチオン（陽イオン）交換膜となる．そのうちのH^+形カチオン交換樹脂は殺菌能力はないことが分かっている[6]．そこで構造の異なる4種類のOH−形アニオン交換樹脂を用いた生菌数の経時変化[6]を見てみると（**図20-4**），いずれの樹脂を用いた場合にも，樹脂の添加（矢印の時点）により生菌数は急速に減少している．しかし，その減少の度合いは樹脂の再生率には依存しなかった．

　IRA-458およびIRA-958を用いた場合，生菌数が0個/mlに到達したあとも，バクテリアの発現は認められなかった．IRA-402BLおよびIRA-900を用いた場合，生菌数の減少はIRA-458やIRA-958よりも緩やかであり，とくにIRA-402BLに関しては，測定期間内では生菌数は0個/mlにならなかった．カチオン交換樹脂を用いた場合と同様に，実験終了後，アニオン交換樹脂を洗浄してその洗浄液を培養したところ，バクテリアの生育は確認されなかった．したがって，OH$^-$形アニオン交換樹脂は殺菌能力を有しており，アクリル系樹脂であるIRA-458とIRA-958の方がスチレン系樹脂であるIRA-900やIRA-402BLよりも殺菌能力が高いことが分かった．なお，ここで用いたイオン交換樹脂は，某社にテスト用に開発して頂いたものを用いた．

　ではバクテリアを殺菌する場合，アクリル系のアニオン交換樹脂を単独（単床）で用いた方がよいであろうか．**図20-5**に，アニオン交換樹脂とカチオン交換樹脂の混合による生菌数を示す．

　図20-5から明らかなように，OH$^-$形アニオン交換樹脂単独の場合よりもH^+形カチオン交換樹脂との混床の方がより高い殺菌能力を示し，両者の混合比が3対1の時に最も効果的であることが分かった[6]．

　では混床の殺菌能力がなぜ高いのかを考えてみる（**図20-6**）．まず，OH$^-$形アニオン交換樹脂単床系の場合（同図の上部）について説明すると，バクテリアは静電気的引力および親水性相互作用によりOH$^-$アニオン交換樹脂に吸

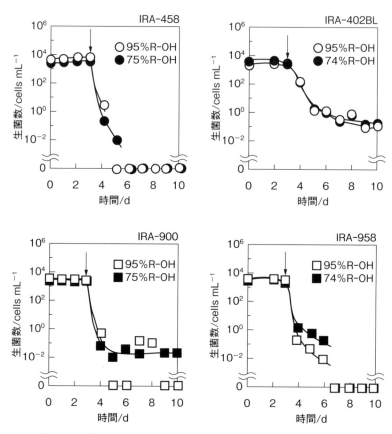

図20-4 構造の異なるイオン交換樹脂による生菌数の経時変化
（樹脂は，矢印に相当する3日後に投入した）
アクリル系：IRA-458, IRA-958
スチレン系：IRA-402BL, IRA-900

着し，官能基の対イオンとして存在するOH^-と接触することにより死滅する．死滅後のバクテリアはイオン交換樹脂表面から脱着することなく存在している．ではなぜ，OH^-イオンにより殺菌能力が発現するかについては，細菌学的には説明できないが，バクテリアの生育に影響を及ぼす条件の1つである

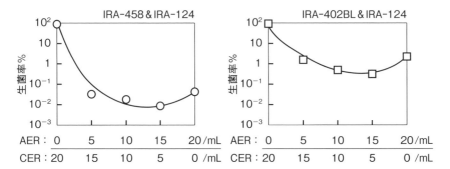

図20-5　生菌率に及ぼすアニオン交換樹脂とカチオン交換樹脂の混合割合
　　　　AER：アニオン交換樹脂（IRA-458, IRA-402BL）
　　　　　　　（樹脂投入24時間後，35℃）
　　　　CER：カチオン交換樹脂（IRA-124）

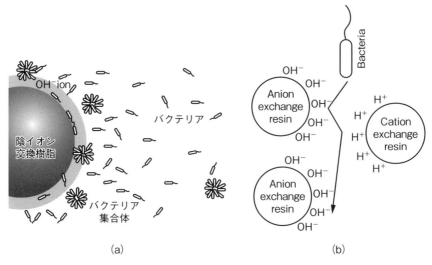

図20-6　イオン交換樹脂表面におけるバクテリアの殺菌機構モデル図
　　　（a）OH^-形アニオン交換樹脂単床系
　　　（b）OH^-形アニオン交換樹脂とH^+形カチオン交換樹脂との混床系

pHが急激に変化したためと考えている．OH$^-$形アニオン交換樹脂表面近傍のバクテリアの数はバルクの（樹脂から離れた）水の中よりも多くなるので，集合体を形成しやすくなる．したがって，親水的な表面を有するバクテリアの集合体は親水性表面である樹脂により強く吸着するので，親水性が強いアクリル系樹脂の方が親水性が弱いスチレン系樹脂よりも高い殺菌能力を示したものと考えられる．

　では問題にしているOH$^-$形アニオン交換樹脂とH$^+$形カチオン交換樹脂との混小系の場合（図20-6の下部），バクテリアは樹脂表面に存在するOH$^-$やH$^+$両イオンに交互に接触することにより，細胞の生存において重要な条件の1つであるpHが急激に変化するので，より高い殺菌効果，別な言い方をすれば，pHショックを示したものと考えられる．

参 考 文 献

[1] 松田七重，東京理科大学大学院理工学研究科工業化学専攻修士論文，(1996)．
[2] W. Agui, Y. Kurachi, M. Abe, K. Ogino, *J. Antibact. Antifung. Agents*, **16**, 313 (1988)．
[3] 安居院　渡，東京理科大学学位論文（1911）．
[4] N. Matsuda, W. Agui, T. Togou, H. Sakai, K. Ogino, M. Abe, *Colloids and Surces B: Biointerfaces*, **5**, 279 (1966)．
[5] A. Iverson, *J. Phys. Chem.*, **68**, 515 (1964)．
[6] N. Matsuda, W. Agui, K. Ogino, N. Kawashima, H. Sakai, M. Abe, *Colloids and Surfaces B: Biointerfaces*, **7**, 91 (1966)．

あとがき

　コロイド・界面化学は，化粧品，洗浄剤，医薬品，食品，塗料，半導体，潤滑剤など，多くの産業を下支えする生活密着型の学問です．また，物体の性質はそのサイズが小さくなればなるほど，内部（バルク）よりも界面の性質に強く影響を受けるようになるため，「ナノテクノロジー」の発展にはコロイド・界面現象の正確な理解が必要不可欠です．

　こうした学問的背景から，学生時代にコロイド・界面化学を習得してこなかった方でも，研究開発の現場でその重要性に直面した経験がおありではないでしょうか．

　本書は，他分野からコロイド・界面化学の研究に足を踏み入れた方，あるいはこの分野に対していくらかの経験はあるものの，「本当にこれで正しく測定できているのか？」と確信をもてずお困りでいらっしゃる方も使っていただけるよう意識して書かれました．

　本書が，研究開発の最前線でご活躍の皆様に，有益な情報を少しでも発信できていましたら幸甚です．また，本書は各執筆者の実践的な経験も交えて解説されていますので，読者の皆様からのご助言をお寄せ頂けますとたいへん光栄に存じます．末筆ながら，本書を出版するにあたりご尽力くださいました日刊工業新聞社・平川透氏に深く感謝申し上げます．

2016 年 4 月　　　　　　　　　　　　　　　　　　　　　　　　　　酒井健一

索 引

あ 行

アーティファクト……………112, 118
アニオン交換樹脂………………177
アモルファス状氷……………112, 119
泡立ち……………………………24
暗視野像…………………………150
イオン交換法……………………182
位相解析法………………………127
一次純水…………………………182
色ガラス…………………………11
ウィルヘルミー法……………20, 49, 53
液重法……………………………20
液晶………………………………114
液晶相の空間群…………………141
エネルギー散逸…………………55
エネルギー分散型X線分析……147
エマルション…………………49, 52
エンドトキシン…………………176

か 行

会合コロイド……………………12
会合数……………………………71
階段型等温線……………………157
解乳化……………………………13
界面………………………………9
界面化学…………………………9
界面活性…………………………13
界面活性剤……………………9, 13
界面積……………………………10
界面電気二重層…………125, 128
界面粘度…………………………47
界面反応…………………………13
拡散層……………………………129
拡散二重層の厚さ………………131
拡張ヌレ…………………………166
カチオン交換樹脂………………177
活量係数…………………………86
可溶化……………………………83
可溶化位置………………………83
可溶化機構………………………84
可溶化限界量……………………85
可溶化剤…………………………13
可溶化平衡定数…………………85
可溶化量…………………………84
カンチレバー……………………64
寒天ゼリー………………………11
気液平衡…………………………87
起泡………………………………13
起泡力……………………………24
逆フーリエ変換法………………104
急速凍結…………………………112
吸着…………………………13, 55, 63
吸着等温線…………………55, 63, 161
凝集………………………………13
極性成分…………………………19
均一反応…………………………13
グーイ……………………………130
クライオ電子顕微鏡……………117
クライオトランスファー………118
クライオネガティブ染色………123
グラム陰性菌……………………176
形状……………………………71, 73
形状因子…………………………104
結晶成長…………………………13
懸滴法……………………………21
ゲル………………………………114
原子間力顕微鏡…………………63
減衰振動法………………………44
光学反射法………………………55
格子像……………………………151
構造因子…………………………104
後退接触角………………………165
固定層……………………………129

索　引

コロイド化学 9
コロイドプローブ法 69
コロイド分散系 11
混床 177
コンタクト法 64

さ 行

細孔径分布 157
細孔容量 157
最大添加濃度 85
最大泡圧法 20, 31, 32
最低到達表面張力値 25
紫外線殺菌法 182
自己相関関数 78, 79
自己相関分析 77
シャドーウィング 112
シュードモナスステッツリ 180
シュードモナスプチダ 180
シュードモナスフレオレセンス 180
周波数解析法 127
準平衡透析法 90
小角 X 線散乱 103
小角 X 線散乱測定 139
蒸気圧 88
消泡 13
触媒反応 13
親水性面 167
浸漬ヌレ 167
振動ジェット法 21
親媒コロイド 12
水晶振動子マイクロバランス法 55
水素結合成分 19
ステルン 131
すべり面 131
静的 14
静的表面張力 17
静的ヘッドスペース法 86, 87
ゼータ電位 125
接触角 19, 165
接線法 168

セットポイント 66
ゼロシアー粘度 100
洗浄剤 13
前進接触角 165
全有機炭素量 177
測定 14
疎水性面 167
粗大分散系 11
素電荷 136
ソフトコンタクト法 64
損失正接 99
損失弾性率 95

た 行

脱着等温線 161
弾性率 94
単分散 22
チキソトロピー 93
チャプマン 130
注射用蒸留水 178
貯蔵弾性率 95
チンダル現象 12
電位決定イオン 129
電荷密度 130
電気泳動光散乱 127
電気二重層モデル 130
電極反応 13
電子線回折像 150
電子線損傷 122
動的粘弾性 98
動的表面張力 31, 32
動的表面張力値 24
動的ヘッドスペース法 87
等方性 83
等方性溶液 83
当量伝導度 29
ドデシル硫酸ナトリウム 24

な 行

内毒素 176

内部構造 …………………………… 103
ナノトライボロジー ……………………… 65
ナノ粒子 …………………………… 141
濁り度 ……………………………… 85
二重層電位 ………………………… 128
乳化 …………………………… 13, 83
乳化剤 ………………………………… 13
ニュートン流体 ……………………… 94
ヌレ ……………………………… 165, 166
ネガティブ染色法 ………………… 150
粘弾性 ……………………………… 56
粘度 ………………………………… 94

は 行

排液速度 …………………………… 21
ハイドロトロピー ……………………… 83
パイロジェン ……………………… 176
撥水性 ……………………………… 172
撥油性 ……………………………… 172
ヒステリシス ……………………… 165
微生物 ……………………………… 175
非等方性 …………………………… 83
非ニュートン流体 ………………… 94
比表面積 ………………………… 157
比誘電率 ………………………… 136
氷晶 …………………………… 112, 118
標準液体 ………………………… 169
表面 ………………………………… 9
表面圧縮率（$β^s$） ……………… 40
表面圧力計 ……………………… 37
表面エネルギー ………………… 17
表面自由エネルギー …………… 17
表面張力 …………………………… 17
表面張力低下速度 ……………… 32
表面電荷密度 ……………… 125, 132
表面粘度 ………………………… 43
表面粘度計 ……………………… 44
表面プラズモン共鳴法 ………… 55
表面力測定装置 ………………… 68
不安定コロイド ………………… 12

フォースカーブ …………………… 64
不可逆コロイド …………………… 12
不均一反応 ………………………… 13
複素弾性率 ………………………… 98
付着ヌレ ………………………… 167
付着力 ……………………………… 65
不溶性単分子膜 ………………… 37
フリーズエッチング法 ………… 115
フリーズフラクチャー電子顕微鏡 …… 109
フリーズレプリカ法 …………… 115
フリクションカーブ ……………… 65
分解能 ……………………………… 145
分光エリプソメトリー …………… 69
分光エリプソメトリー法 ………… 55
分散 …………………………… 13, 83
分散コロイド ……………………… 12
分散剤 ……………………………… 13
分散質 ……………………………… 11
分散相 ……………………………… 11
分散媒 ……………………………… 11
分散力成分 ……………………… 19
分子コロイド ……………………… 12
分子集合体 ……………………… 86
分子分散系 ……………………… 11
分配平衡定数 …………………… 85
ヘキサデシル＝ポリオキシエチレン＝
　エーテル …………………… 24
ベシクル ………………… 103, 107
ヘルムホルツ …………………… 129
ヘルムホルツモデル …………… 129
ペンダントドロップ法 ……… 51, 53
膨潤したミセル ………………… 83
保護コロイド ……………………… 12

ま 行

マイクロエマルション ……… 83, 103, 107
膜濾過法 ………………………… 182
摩擦 ……………………………… 166
摩擦力 …………………………… 65
ミセル ……………………… 103, 107

索引

ミセル形成濃度 …………………… 21
明視野像 …………………………… 148
メソポーラス材料 …………… 139, 140
メニスカス降下法 ………………… 21
毛管上昇法 ………………………… 20

や 行

ヤング率 …………………………… 94
誘電率 ……………………………… 128
溶解度 ……………………………… 83
溶媒和 ……………………………… 60

ら 行

ラウールの法則 …………………… 87
ラングミュア・ブロジェット膜 …… 37
リオトロピック液晶 ………… 139, 140
リサージュ図 ……………………… 96
離層性 ……………………………… 28
リップルゲル ……………………… 114
粒子コロイド ……………………… 12
粒子サイズ ………………………… 77
流体力学的半径 …………………… 77
流動曲線 …………………………… 97
両親媒性物質 ……………………… 13
理論純水 …………………………… 181
臨界表面自由エネルギー ………… 19
臨界表面張力 ………………… 19, 172
臨界ミセル濃度 …………………… 21
輪環法 ……………………………… 20
レオメーター ……………………… 94
レオロジー ………………………… 93
連続相 ……………………………… 11

数・欧・ギリシャ

3, 6, 9-トリオキサイコサン酸ナトリウム
 ……………………………………… 24
AFM ………………………………… 63
A 型標準液体 ……………………… 169
BET 型 ……………………………… 156
BET 吸着 …………………………… 155
Bragg の関係式 …………………… 141
B 型標準液体 ……………………… 169
Cole–Cole プロット ……………… 100
cryo–TEM ………………………… 117
C 型標準液体 ……………………… 169
Debye Plot 法 ………………… 71, 72
Derjaguin 近似 …………………… 69
Dissipation（エネルギー散逸） … 55
DMLL ……………………………… 27
ECL ………………………………… 24
EDX ………………………………… 147
ex situ ……………………………… 14
FF–TEM …………………………… 109
GIFT 法 …………………………… 104
Gouy–Chapman の拡散電気二重層モデル
 ……………………………………… 131
Hansen–Millar 式 ………………… 86
in situ ……………………………… 14
IUPAC ……………………………… 155
Kanazawa–Gordon の式 ………… 60
Langmuir 型 ……………………… 156
LB 膜 ……………………………… 37
Maxwell モデル …………………… 100
Nα, Nα-ジメチル-Nα-ラウロイルリシン
 ……………………………………… 27
OR 法 ……………………………… 55
pH ショック ……………………… 186
QCM–D 法 ………………………… 55
Sauerbrey の式 …………………… 55
SDS ………………………………… 24
SED 法 ……………………………… 90
SE 法 ……………………………… 55
SFA ………………………………… 68
SPR 法 ……………………………… 55
TOC ………………………………… 180
Zimm Plot 法 ………………… 71, 73
ζ 電位 …………………………… 63
$\theta/2$ 法 ………………………… 168
Ψ（プサイ）電位 …………… 132

阿部　正彦（あべ　まさひこ）　　　　　　　　　　　　　担当：序 1 10 15 19 20

1947年生まれ。72年、東京理科大学大学院工学研究科工業化学専攻修士課程修了。同年、東京理科大学理工学部工業化学科助手着任し、界面活性剤の溶液物性の研究を中心にコロイド次元分子集合体の研究開発に従事。この間、米・テキサス大学オースチン校に1年間留学。先端材料研究センター長、先端計測科学研究部門長、東京理科大学大学院理工学研究科長、日本化学会コロイドおよび界面化学部会長、色材協会会長、日本油化学会会長を兼務し、14年より東京理科大学研究推進機構総合研究院教授。材料技術研究協会会長、材料表面研究会理事長、日本化学会フェロー。

著書　「界面現象の化学」（共著、宣協社）
　　　「第3版現代コロイド化学の基礎」（共著、丸善出版）
　　　「トコトンやさしい界面活性剤の本」（共著、日刊工業新聞社）　他

井村　知弘（いむら　ともひろ）　　　　　　　　　　　　担当：3 4

1974年生まれ。03年、東京理科大学大学院理工学研究科工業化学専攻博士後期課程修了。同年、産業技術総合研究所入所。高機能界面の創成、バイオ界面活性剤の研究に従事。この間、10年に米・スクリプス研究所に1年間滞在。現在、産業技術総合研究所上級主任研究員、東京理科大学大学院理工学研究科工業化学専攻客員准教授。14年よりISO TC91 WG3（バイオサーファクタント）エキスパート。

著書　「機能性ペプチドの開発最前線」（共著、シーエムシー出版）
　　　「化粧品開発とナノテクノロジー」（共著、シーエムシー出版）
　　　「最新 界面活性剤の選び方、使い方【ノウハウ集】」（共著、技術情報協会）　他

遠藤　健司（えんどう　たけし）　　　　　　　　　　　　担当：18

1978年生まれ。東京理科大学大学院理学研究科博士課程修了。04年より名古屋工業大学プロジェクト助教、東京理科大学プロジェクト研究員を経て、現在、東京理科大学理工学部工業化学科助教。専門は粉体、メソポーラス材料の調製、表面改質。

小倉　卓（おぐら　たく）　　　　　　　　　　　　　　　担当：2 12 16

1981年生まれ。05年、東京理科大学大学院理工学研究科工業化学専攻修士課程修了。同年、ライオン株式会社入社。界面活性剤分子集合体・生体材料の構造解析に従事。この間、東京理科大学大学院にて学位取得（博士（工学））、オーストリア・グラーツ大学に滞在。現在、ライオン株式会社研究開発本部機能科学研究所副主任研究員、東京理科大学研究推進機構総合研究院客員研究員。

酒井　健一（さかい　けんいち）　　　　　　　　　　　　担当：6 7

1976年生まれ。東京理科大学大学院理学研究科化学専攻博士後期課程修了。英・リーズ大学博士研究員、東京理科大学理工学部工業化学科助教、東京理科大学総合研究機構講師を経て、現在、東京理科大学理工学部工業化学科講師。専門はコロイド・界面化学。日本化学会コロイドおよび界面化学部会「科学奨励賞」、日本油化学会「進歩賞」受賞。

著書　「油脂・脂質・界面活性剤データブック」（共著、丸善出版）
　　　「改訂版界面活性剤の機能創製・素材開発・応用技術」（共著、NTS）

柴田　裕史（しばた　ひろぶみ）　　　　　　　　　　　　　　　　　　　担当：16

1977年生まれ。06年、東京理科大学大学院理工学研究科工業化学専攻博士後期課程修了。同年、東京理科大学基礎工学部材料工学科助手、その後、助教。10年、千葉工業大学工学部生命環境科学科助教を経て14年より同大学准教授。両親媒性分子を用いる無機合成化学を基盤とした光触媒材料、生体材料などの研究開発に従事。現在、千葉工業大学工学部応用化学科准教授、東京理科大学研究推進機構総合研究院光触媒国際研究センター客員准教授、色材協会理事。

土屋　好司（つちや　こうじ）　　　　　　　　　　　　　　　　　　　　担当：11 13 14

1976年生まれ。04年、東京理科大学大学院理工学研究科工業化学専攻博士後期課程修了。04年より東京理科大学ポストドクトラル研究員。この間、医療機器開発研究推進事業流動研究員として従事。09年より東京理科大学理学部第一部応用化学科助教を経て、現在、東京理科大学総合研究院ポストドクトラル研究員。

鳥越　幹二郎（とりごえ　かんじろう）　　　　　　　　　　　　　　　　担当：17

1963年生まれ。92年、東京理科大学大学院理学研究科化学専攻博士課程修了。95～97年、フランス・パリXI大学博士研究員、98年、東京理科大学理学部助手を経て、14年より東京理科大学理工学部客員教授。

三園　武士（みその　たけし）　　　　　　　　　　　　　　　　　　　　担当：5 8 9

1985年生まれ。13年東京理科大学大学院理工学研究科工業化学専攻博士後期課程修了。同年、東京理科大学ポストドクトラル研究員。コロイド・界面化学、イオン液体を専門分野として基礎研究に従事。16年、コスモステクニカルセンター入社。

【協力企業】
協和界面科学
アントンパール・ジャパン
ピーエスエスジャパン
カンタクローム・インスツルメンツ・ジャパン
日立ハイテクサイエンス
日立ハイテクノロジーズ
メイワフォーシス

NDC 431.8

現場で役立つコロイド・界面現象の測定ノウハウ

定価はカバーに表示してあります。

2016年4月25日　初版1刷発行

ⓒ編著者	阿部　正彦	
発行者	井水　治博	
発行所	日刊工業新聞社	〒103-8548　東京都中央区日本橋小網町14番1号
	書籍編集部	電話 03-5644-7490
	販売・管理部	電話 03-5644-7410　FAX 03-5644-7400
	URL	http://pub.nikkan.co.jp/
	e-mail	info@media.nikkan.co.jp
	振替口座	00190-2-186076

印刷・製本　美研プリンティング

2016 Printed in Japan　落丁・乱丁本はお取り替えいたします。
ISBN 978-4-526-07561-2
本書の無断複写は、著作権法上の例外を除き、禁じられています。